职业院校工业机器人技术专业"十三五"系列教材

工业机器人基础与应用

主　编　张明文
副主编　王　伟　　顾三鸿
参　编　王璐欢　李晓聪　吴冠伟
主　审　于振中　霰学会

U0380528

机械工业出版社

本书主要介绍了工业机器人技术的基本知识，结合国内外主流品牌机器人，介绍了工业机器人的定义、特点、发展、分类及应用情况，全面分析了工业机器人的技术参数、基本组成、运动原理和控制系统。本书以ABB和FANUC机器人为例，系统介绍了工业机器人的基本示教操作和实际应用。通过对本书的学习，能够使读者对工业机器人技术和实操应用有一个全面清晰的认识。

本书可作为高校机电一体化、电气自动化及机器人技术等相关专业的教材，也可作为工业机器人培训机构的培训教材，并可供从事相关行业的技术人员参考使用。

本书配套有丰富的教学资源，便于开展教学和自学活动。凡使用本书作为教材的教师可咨询相关机器人实训设备，也可通过书末"教学课件下载步骤"下载相关数字教学资源。咨询邮箱：edubot_zhang@ 126. com。

图书在版编目（CIP）数据

工业机器人基础与应用/张明文主编. —北京：机械工业出版社，2018.6（2023.8重印）

职业院校工业机器人技术专业"十三五"系列教材

ISBN 978-7-111-60142-5

Ⅰ.①工…　Ⅱ.①张…　Ⅲ.①工业机器人-高等学校-教材　Ⅳ.①TP242. 2

中国版本图书馆 CIP 数据核字（2018）第 122264 号

机械工业出版社（北京市百万庄大街22 号　邮政编码 100037）
策划编辑：赵磊磊　责任编辑：赵磊磊
责任校对：张　薇　封面设计：张　静
责任印制：任维东
北京富博印刷有限公司印刷
2023 年 8 月第 1 版第 8 次印刷
184mm×260mm・13.5 印张・324 千字
标准书号：ISBN 978-7-111-60142-5
定价：49.80 元

电话服务　　　　　　网络服务
客服电话：010-88361066　机 工 官 网：www.cmpbook.com
　　　　　010-88379833　机 工 官 博：weibo. com/cmp1952
　　　　　010-68326294　金 书 网：www.golden-book.com
封底无防伪标均为盗版　机工教育服务网：www.cmpedu.com

编审委员会

序 一
PREFACE

现阶段，我国制造业面临资源短缺、劳动成本上升、人口红利减少等压力，而工业机器人的应用与推广将提高生产效率和产品质量，降低生产成本和资源消耗，有效提高我国工业制造的竞争力。我国《机器人产业发展规划（2016—2020年）》强调，机器人是先进制造业的关键支撑装备和未来生活方式的重要切入点。广泛采用工业机器人，对促进我国先进制造业的崛起，有着十分重要的意义。"机器换人，人用机器"的新型制造方式有效推进了工业升级和转型。

工业机器人作为集众多先进技术于一体的现代制造业装备，自诞生至今已经取得了长足进步。当前，新科技革命和产业变革正在兴起，全球工业竞争格局面临重塑。世界各国紧抓历史机遇，纷纷出台了一系列国家战略：美国的"再工业化"战略、德国"工业4.0"计划、欧盟"2020增长战略"，以及我国推出的"中国制造2025"战略。这些国家都以先进制造业为重点战略，并将机器人作为智能制造的核心发展方向。伴随机器人技术的快速发展，工业机器人已成为柔性制造系统（FMS）、自动化工厂（FA）、计算机集成制造系统（CIMS）等先进制造业的关键支撑装备。

随着工业化和信息化的快速推进，我国工业机器人市场进入高速发展时期。IFR统计显示，截至2016年，中国已成为全球最大的工业机器人市场。未来几年，中国工业机器人市场仍将保持高速的增长态势。然而，现阶段我国机器人技术人才匮乏，与巨大的市场需求严重不协调。《中国制造2025》强调要健全、完善中国制造业人才培养体系，为推动中国制造业从大国向强国转变提供人才保障。从国家战略层面而言，推进智能制造的产业化发展，工业机器人技术人才的培养首当其冲。

目前，结合《中国制造2025》的全面实施和国家职业教育改革，许多应用型本科、职业院校和技工院校纷纷开设工业机器人相关专业，但作为一门专业知识面很广的实用型学科，普遍存在师资力量缺乏、配套教材资源不完善、工业机器人实训装备不系统、技能考核体系不完善等问题，导致无法培养出企业需要的专业机器人技术人才，严重制约了我国的机器人技术推广和智能制造业的发展。江苏哈工海渡工业机器人有限公司依托哈尔滨工业大学在机器人方向的研究实力，顺应形势需要，产、学、研、用相结合，组织企业专家和一线科研人员开展了一系列企业调研，面向企业需求，联合高校教师共同编写了"职业院校工业机器人技术专业'十三五'系列教材"。

该系列丛书具有以下特点：

（1）循序渐进，系统性强。该系列丛书从工业机器人的初级应用、技术基础、实训指导，到工业机器人的编程与高级应用，由浅入深，有助于系统学习工业机器人技术。

（2）配套资源，丰富多样。该系列丛书配有相应的电子课件、视频等教学资源，与配套的工业机器人教学设备一起，构建了一体化的工业机器人教学体系。

（3）通俗易懂，实用性强。该系列丛书言简意赅，图文并茂，既可用于应用型本科、职业院校和技工院校的工业机器人应用型人才培养，也可供从事工业机器人操作、编程、运行、维护与管理等工作的技术人员参考学习。

（4）覆盖面广，应用广泛。该系列丛书介绍了国内外主流品牌机器人的编程、应用等相关内容，顺应国内机器人产业人才发展需要，符合制造业人才发展规划。

"职业院校工业机器人技术专业'十三五'系列教材"结合实际应用，教、学、用有机结合，有助于读者系统学习工业机器人技术和强化提高实践能力。本系列丛书的出版发行，必将提高我国工业机器人专业的教学效果，全面促进"中国制造2025"国家战略下我国工业机器人技术人才的培养和发展，大力推进我国智能制造产业变革。

中国工程院院士　蔡鹤皋

2018 年 4 月于哈尔滨工业大学

序 二

PREFACE

自机器人出现至今的短短几十年中，机器人技术的发展取得长足进步。伴随产业变革的兴起和全球工业竞争格局的全面重塑，机器人产业发展越来越受到世界各国的高度关注，主要经济体纷纷将发展机器人产业上升为国家战略，提出"以先进制造业为重点战略，以'机器人'为核心发展方向"，并将此作为保持和重获制造业竞争优势的重要手段。

作为人类利用机械进行社会生产史上的一个重要里程碑，工业机器人是目前技术发展最成熟且应用最广泛的一类机器人。工业机器人现已被广泛应用于汽车及零部件制造，电子、机械加工、模具生产等行业以实现自动化生产线，参与焊接、装配、搬运、打磨、抛光、注塑等生产制造过程。工业机器人的应用既保证了产品质量，又提高了生产效率，避免了大量工伤事故，有效推动了企业和社会生产力发展。作为先进制造业的关键支撑装备，工业机器人影响着人类生活和经济发展的方方面面，成为衡量一个国家科技创新和高端制造业水平的重要标志。

伴随着工业大国相继提出机器人产业政策，如德国"工业4.0"、美国先进制造伙伴计划、我国推出的中国制造2025等，工业机器人产业迎来了快速发展态势。当前，随着劳动力成本上涨，人口红利逐渐消失，生产方式向柔性、智能、精细转变，中国制造业转型升级迫在眉睫。全球新一轮科技革命和产业变革与中国制造业转型升级形成历史性交汇，中国已经成为全球最大的机器人市场。大力发展工业机器人产业，对于打造我国制造业新优势，推动工业转型升级，加快制造强国建设，改善人民生活水平具有深远意义。

我国工业机器人产业迎来了爆发性的发展机遇。然而，现阶段我国工业机器人领域人才储备数量与质量严重不足，对企业而言，从工业机器人的基础操作维护人员到高端技术人才普遍存在巨大缺口，缺乏经过系统培训的、能熟练安全应用工业机器人的专业人才。现代工业立国的基础，需要有与时俱进的职业教育和人才培养配套资源。

"职业院校工业机器人技术专业'十三五'系列教材"由江苏哈工海渡工业机器人有限公司联合众多高校和企业共同编写。该系列丛书依托哈尔滨工业大学的先进机器人研究技术，综合企业实际用人需求，充分贯彻了现代应用型人才培养"淡化理论，技能培养，重在运用"的指导思想。该系列丛书可供工业机器人技术或机器人工程专业师生使用，也可供机电一体化、自动化专业开设工业机器人相关课程的学校使用。整套丛书涵盖了ABB、KUKA、YASKAWA、FANUC等国际主流品牌和国内主要品牌机器人的初级应用、实训指导、技术基础、高级编程等知识，注重循序渐进与系统学习，强化学生的工业机器人专业技术能力和实践操作能力。

　　立足工业，面向教育，该系列丛书的出版，有助于推进我国工业机器人技术人才的培养和发展，助力中国智能制造。

中国科学院院士 韩杰才

2018 年 4 月

前　言
PREFACE

　　机器人是先进制造业的重要支撑装备，也是智能制造业的关键切入点。工业机器人作为机器人家族中的重要一员，是目前技术最成熟、应用最广泛的一类机器人。工业机器人的研发和产业化应用是衡量科技创新和高端制造发展水平的重要标志。发达国家已经把工业机器人产业发展作为抢占制造业市场、提升竞争力的重要途径。汽车、电子电器、工程机械等众多行业大量使用工业机器人组成自动化生产线，在保证产品质量的同时，改善了工作环境，提高了社会生产率，有力推动了企业和社会生产力发展。

　　当前，随着我国劳动力成本上涨，人口红利逐渐消失，生产方式向柔性、智能、精细转变，构建新型智能制造体系迫在眉睫，对工业机器人的需求呈现大幅增长。大力发展工业机器人产业，对于打造我国制造业新优势，推动工业转型升级，加快制造强国建设，改善人民生活水平具有深远意义。《中国制造 2025》将机器人作为重点发展领域，机器人产业已经上升到国家战略层面。

　　在全球范围内的制造产业战略转型期，我国工业机器人产业迎来爆发性的发展机遇。然而，现阶段我国工业机器人领域人才供需失衡，缺乏经系统培训的、能熟练安全使用和维护工业机器人的专业人才。国务院《关于推行终身职业技能培训制度的意见》指出：职业教育要适应产业转型升级需要，着力加强高技能人才培养；全面提升职业技能培训基础能力，加强职业技能培训教学资源建设和基础平台建设。2019 年 4 月，人力资源和社会保障部、市场监管总局、统计局正式发布工业机器人 2 个新职业：工业机器人系统操作员和工业机器人系统运维员。针对这一现状，为了更好地推广工业机器人技术的运用和满足工业机器人新职业人才的需求，亟须编写一本系统全面的工业机器人入门实用教材。

　　本书以 ABB 和 FANUC 机器人为主，结合工业机器人仿真系统和江苏哈工海渡工业机器人有限公司的工业机器人技能考核实训装备，遵循"由简入繁，软硬结合，循序渐进"的编写原则，依据初学者的学习需要，科学设置知识点，结合典型实例讲解，倡导实用性教学，有助于激发学习兴趣，提高教学效率，便于初学者在短时间内全面、系统了解工业机器人操作与编程的常识。

　　本书图文并茂，通俗易懂，实用性强，既可以作为普通高等院校、职业院校机电一体化、电气自动化及机器人等相关专业的教学和实训教材以及工业机器人培训教材，也可以作为 ABB 和 FANUC 机器人入门的培训教程，供相关行业的技术人员参考。

　　机器人技术具有知识面广、实操性强等显著特点。为了提高教学效果，在教学方法上，建议采用启发式教学，开放性学习，重视实操演练、小组讨论；在学习过程中，建议使用与本书配套的教学辅助资源，如机器人仿真软件、6 轴机器人实训台、教学课件及视频素材、教学参考与拓展资料等。以上资源可通过书末所附方法咨询获取。

　　本书由哈工海渡机器人学院张明文任主编，王伟和顾三鸿任副主编，参加编写的还有王璐欢、李晓聪和吴冠伟，由于振中和霰学会担任主审。全书由王伟和顾三鸿统稿。具体编写分工如下：王伟编写第1、7章；李晓聪编写第2、3章；顾三鸿编写第4、5章；王璐欢编写第6章；吴冠伟编写第8章。在本书编写过程中，得到了哈工大机器人集团、上海ABB工程有限公司、上海FANUC机器人有限公司的有关领导、工程技术人员以及哈尔滨工业大学相关教师的鼎力支持与帮助，在此表示衷心的感谢！

　　由于编者水平及时间有限，书中难免存在不足之外，敬请读者批评指正。

编　者

目 录

CONTENTS

第1章

Chapter

工业机器人概述

机器人是典型的机电一体化装置，其涉及机械、电气、控制、检测、通信和计算机等方面的知识。当今世界以互联网、新材料和新能源为基础，"数字化智能制造"为核心的新一轮工业革命即将到来，而工业机器人则是"数字化智能制造"的重要载体。

 1.1 工业机器人的定义和特点

虽然工业机器人是技术上最成熟、应用最广泛的一类机器人，但对其具体的定义，科学界尚未形成统一。目前大多数国家遵循的是国际标准化组织（ISO）的定义。

国际标准化组织（ISO）的定义为：工业机器人是一种能自动控制、可重复编程、多功能、多自由度的操作机，能够搬运材料、工件或者操持工具来完成各种作业。

1. 工业机器人的定义、
特点和发展

我国国家标准《机器人与机器人装备词汇》（GB/T 12643—2013）将工业机器人定义为："自动控制的、可重复编程、多用途的操作机，并可对三个或三个以上的轴进行编程。它可以是固定式或移动式。在工业自动化中使用。"

工业机器人通常具有以下4个特点。

（1）拟人化　在机械结构上类似于人的手臂或者其他组织结构。

（2）通用性　可执行不同的作业任务，动作程序可按需求改变。

（3）独立性　完整的工业机器人系统在工作中可以不依赖于人的干预。

（4）智能性　具有不同程度的智能，如感知系统、记忆功能等可提高工业机器人对周围环境的自适应能力。

1.2 工业机器人的发展

1954 年美国人乔治·德沃尔制造出世界上第一台可编程的机器人，最早提出工业机器人的概念，并申请了专利。

1959 年，乔治·德沃尔与美国发明家约瑟夫·英格伯格联手制造出第一台工业机器人——Unimate，随后，成立了世界上第一家机器人制造工厂——Unimation 公司。

1962 年，美国 AMF 公司生产出工业机器人 Versatran，这是第一台真正商业化的机器人。

1967 年，Unimation 公司推出机器人 Mark Ⅱ，将第一台涂装机器人出口到日本。同年，日本川崎重工业公司从美国引进机器人及技术，建立生产厂房，并于 1968 年试制出第一台日本产机器人 Unimate。

1972 年，IBM 公司开发出内部使用的直角坐标机器人，并最终开发出 IBM 7656 型商业直角坐标机器人，如图 1-1 所示。

1974 年，瑞士的 ABB 公司研发了世界上第一台全电控式工业机器人 IRB6，主要应用于工件的取放和物料搬运。

1978 年，Unimation 公司推出通用工业机器人 PUMA，这标志着串联工业机器人技术已经完全成熟。同年，日本山梨大学的牧野洋研制出了平面关节型的机器人。

1979 年，Mccallino 等人首次设计出了基于小型计算机控制，在精密装配过程中完成校准任务的并联机器人，从而真正拉开了并联机器人研究的序幕。

1985 年，法国克拉维尔教授设计出并联机器人 DELTA。

1999 年，ABB 公司推出了 4 自由度的并联机器人 FlexPicker，如图 1-2 所示。

图 1-1   IBM 7656 型商业直角坐标机器人

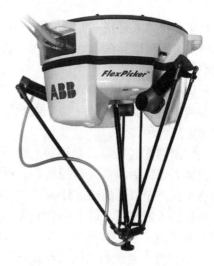

图 1-2   并联机器人 FlexPicker

2005 年，日本安川公司推出了产业机器人 MOTOMAN – DA20 和 MOTOMAN – IA20，能够替代人类完成搬运和装配作业。MOTOMAN – DA20 是一款配备 2 个 6 轴驱动臂的双臂机器人，如图 1-3 所示。MOTOMAN – IA20 是一款 7 轴工业机器人，也是全球首次实现了 7 轴驱动的产业机器人，更加接近人类动作，如图 1-4 所示。

图 1-3 机器人 MOTOMAN – DA20

图 1-4 机器人 MOTOMAN – IA20

2014 年，ABB 公司推出了其首款双 7 轴臂协作机器人 YuMi，如图 1-5 所示。

2015 年，川崎公司推出了双腕平面关节型机器人 duAro，如图 1-6 所示。

图 1-5 机器人 YuMi

图 1-6 机器人 duAro

（1）国外厂商 工业机器人发展过程中，形成了一些较有影响力的、著名的国际工业机器人公司，主要可分为欧系和日系两种，具体来说，主要可分成"四大家族"和"四小家族"两个阵营，见表 1-1。

（2）国内厂商 在我国工业机器人的发展过程中，也形成了一些代表性厂商，如沈阳新松机器人自动化股份有限公司、安徽埃夫特智能装备股份有限公司、南京埃斯顿自动化股份有限公司、广州数控设备有限公司、哈工大机器人集团、珞石（北京）

科技有限公司、台达集团、深圳市汇川技术股份有限公司、配天机器人技术有限公司、遨博（北京）智能科技有限公司等，见表1-2。

表1-1　工业机器人阵营

阵营	厂商	国家	标志	阵营	厂商	国家	标志
四大家族	ABB	瑞士	ABB	其他	三菱	日本	MITSUBISHI ELECTRIC
	KUKA	德国	KUKA		爱普生	日本	EPSON
	YASKAWA	日本	YASKAWA		雅马哈	日本	YAMAHA
	FANUC	日本	FANUC		现代	韩国	HYUNDAI
四小家族	松下	日本	Panasonic		欧姆龙	日本	OMRON
	欧地希	日本	OTC		柯马	意大利	COMAU
	那智不二越	日本	NACHi		史陶比尔	瑞士	STÄUBLI
	川崎	日本	Kawasaki		优傲	丹麦	UNIVERSAL ROBOTS

表1-2　国内工业机器人厂商

厂商	标志	厂商	标志
沈阳新松	SIASUN	哈工大机器人集团	HRG
安徽埃夫特	EFORT	台达集团	DELTA
南京埃斯顿	ESTUN	珞石科技	ROKAE
广州数控	GSK 广州数控	汇川技术	INOVANCE
配天机器人	a·e	遨博智能	遨博智能 AUBO

工业机器人分类方法有很多，常见的有按结构运动形式分类、按运动控制方式分类、按机器人的性能指标分类、按程序输入方式分类和按发展程度分类等。本节仅介绍按结构运动形式分类和按发展程度分类。

2. 工业机器人的
分类与应用

1. 按结构运动形式分类

（1）直角坐标机器人 直角坐标机器人在空间上具有多个相互垂直的移动轴，常用的是 3 个轴，即 X、Y、Z 轴，如图 1-7 所示。它的末端的空间位置是通过沿 X、Y、Z 轴来回移动形成的，其工作空间是一个长方体。此类机器人具有较高的强度和稳定性，负载能力大，位置精度高且编程操作简单。

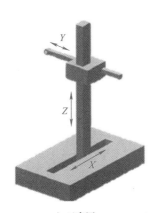

a）示意图

b）直角坐标机器人EDUBOT

图 1-7 直角坐标机器人

（2）圆柱坐标机器人 圆柱坐标机器人通过 2 个移动和 1 个转动运动来改变末端的空间位置，其工作空间是圆柱体，如图 1-8 所示。

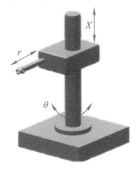

a）示意图

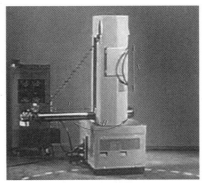

b）圆柱坐标机器人Versatran

图 1-8 圆柱坐标机器人

（3）球坐标机器人　球坐标机器人的末端运动由 2 个转动和 1 个移动运动组成，其工作空间是球的一部分，如图 1-9 所示。

a）示意图　　　　　　　　　　　　　　b）球坐标机器人 Unimate

图 1-9　球坐标机器人

（4）多关节型机器人　多关节型机器人由多个回转和摆动（或移动）机构组成。按旋转方向，它可分为水平多关节机器人和垂直多关节机器人。

1）水平多关节机器人。它是由多个竖直回转机构构成的，没有摆动或平移机构，手臂都在水平面内转动，其工作空间是圆柱体，如图 1-10 所示。

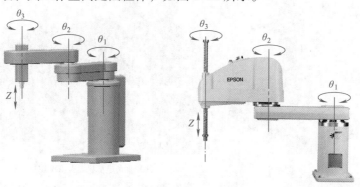

a）示意图　　　　　　　　　　　　b）EPSON 水平多关节机器人

图 1-10　水平多关节机器人

2）垂直多关节机器人。该类型机器人由多个转动机构组成，其工作空间近似一个球体，如图 1-11 所示。

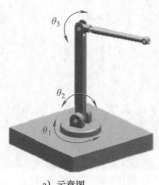
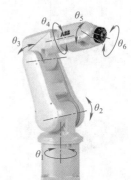

a）示意图　　　　　　　　　　　　b）垂直多关节机器人 IRB120

图 1-11　垂直多关节机器人

（5）并联机器人　并联机器人的基座和末端执行器之间通过至少两个独立的运动链相连接。并联机构具有两个或两个以上自由度，且是一种闭环机构。工业上应用最广泛的并联机器人是 DELTA，如图 1-12 所示。

相对于并联机器人而言，只有一条运动链的机器人称为串联机器人。

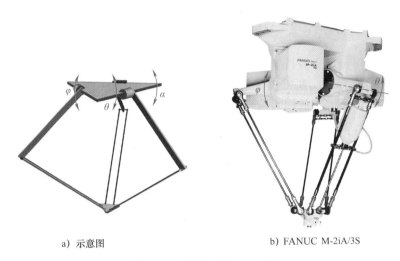

a）示意图　　　　　　　　　　b）FANUC M-2iA/3S

图 1-12　并联机器人 DELTA

2. 按发展程度分类

（1）第一代机器人　第一代机器人主要是只能以示教再现方式工作的工业机器人，称为示教再现机器人。示教内容为机器人操作结构的空间轨迹、作业条件、作业顺序等。目前在工业现场应用的机器人大多属于第一代机器人。

（2）第二代机器人　第二代机器人是感知机器人，带有一些可感知环境的装置，通过反馈控制使机器人能在一定程度上适应变化的环境。

（3）第三代机器人　第三代机器人是智能机器人，其具有多种感知功能，可进行复杂的逻辑推理、判断及决策，可在作业环境中独立行动；它具有发现问题且能自主地解决问题的能力。

智能机器人至少要具备以下 3 个要素。

1）感觉要素。智能机器人具备能够感知视觉和距离等非接触型传感器和能感知力、压觉、触觉等接触型传感器，用来认知周围的环境状态。

2）运动要素。智能机器人需要对外界做出反应性动作。智能机器人通常需要有一些无轨道的移动机构，以适应平地、台阶、墙壁、楼梯和坡道等不同的地理环境，并且在运动过程中要对移动机构进行实时控制。

3）思考要素。根据感觉要素所得到的信息，思考采用什么样的动作，包括判断、逻辑分析、理解和决策等。

其中，思考要素是智能机器人的关键要素，也是智能机器人必备的要素。

1.4　工业机器人的应用

工业机器人主要用于汽车、3C 产品、医疗、食品、通用机械制造以及金属加工、船舶制造等领域，用以完成搬运、焊接、涂装、装配、码垛和打磨等复杂作业。

1. 搬运

搬运作业是用一种设备握持工件，从一个加工位置移动到另一个加工位置。搬运机器人可安装不同的末端执行器（如机械臂爪、真空吸盘等）以完成各种不同形状和状态的工件搬运，大大减轻了人类繁重的体力劳动。通过编程控制，配合各个工序不同设备实现流水线作业。

搬运机器人广泛应用于机床上下料、自动装配流水线、码垛搬运、集装箱等的自动搬运，如图 1-13 所示。

2. 焊接

目前工业应用最广泛的是机器人焊接，如工程机械、汽车制造、电力建设等。焊接机器人能在恶劣的环境下连续工作并能提供稳定的焊接质量，提高工作效率，减轻工人的劳动强度，如图 1-14 所示。

图 1-13　搬运机器人　　　　　　　　　图 1-14　焊接机器人

目前，焊接机器人基本上都是关节型机器人，绝大多数有 6 个轴。按焊接工艺的不同，焊接机器人主要分 3 类，即点焊机器人、弧焊机器人和激光焊机器人，如图 1-15 所示。

a) 点焊机器人　　　　　　　b) 弧焊机器人　　　　　　c) 激光焊机器人

图 1-15　焊接机器人分类

（1）点焊机器人　点焊机器人是用于自动点焊作业的工业机器人，其末端执行器为焊钳。在机器人焊接应用领域中，最早出现的便是点焊机器人，用于汽车装配生产线上的电阻点焊，如图1-16所示。

点焊是电阻焊的一种。电阻焊是通过焊接设备的电极施加压力并在接通电源时，在工件接触点及邻近区域产生电阻热加热工件，在外力作用下完成工件的连接。因此，点焊主要用于薄板焊接领域，如汽车车身焊接、车门框架定位焊接等。点焊只需要点位控制，对于焊钳在点与点之间的运动轨迹没有严格要求，这使得点焊过程相对简单，对点焊机器人的精度和重复定位精度的控制要求比较低。

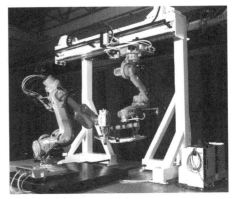

图1-16　点焊机器人作业

点焊机器人的负载能力要求高，而且在点与点之间的移动速度要快，动作要平稳，定位要准确，以便于减少移位时间，提高工作效率。另外，点焊机器人在点焊作业过程中，要保证焊钳自由移动，可以灵活变动姿态，同时电缆不能与周边设备产生干涉。点焊机器人还具有报警系统，如果在示教过程中操作人员有错误操作或者在再现作业过程中出现某种故障，点焊机器人的控制器会发出警报，自动停机，并显示错误或故障的类型。

（2）弧焊机器人　弧焊机器人是用于自动弧焊作业的工业机器人，其末端执行器是弧焊作业用的各种焊枪，如图1-17所示。弧焊主要包括熔化极气体保护焊和非熔化极气体保护焊2种类型。

1）熔化极气体保护焊。熔化极气体保护焊是采用连续等速送进可熔化的焊丝与被焊工件之间的电弧作为热源来熔化焊丝和母材金属，形成熔池和焊缝，同时要利用外加保护气体作为电弧介质来保护熔滴、熔池金属及焊接区高温金属免受周围空气的有害作用，从而得到良好焊缝的焊接方法。如图1-18所示，利用焊丝3和母材9之间的电弧10来熔化焊丝和母材，形成熔池7，熔化的焊丝作为填充金属进入熔池与母材融合，冷凝后即为焊缝金属8。

图1-17　弧焊机器人弧焊作业

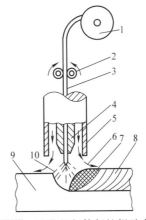

图1-18　熔化极气体保护焊示意图

1—焊丝盘　2—送丝滚轮　3—焊丝　4—导电嘴
5—喷嘴　6—保护气体　7—熔池　8—焊缝金属
9—母材（被焊接的金属材料）　10—电弧

通过喷嘴5向焊接区喷出保护气体6，使处于高温的熔化焊丝、熔池及其附近的母材免受周围空气的有害作用。焊丝是连续的，由送丝滚轮2不断地送进焊接区。

2）非熔化极气体保护焊。非熔化极气体保护焊主要是钨极惰性气体保护焊（TIG 焊），即采用纯钨或活化钨作为不熔化电极，利用外加惰性气体作为保护介质的一种电弧焊方法。TIG 焊广泛用于焊接容易氧化的铝、镁等及其合金、不锈钢、高温合金、钛及钛合金，还有难熔的活性金属（如钼、铌、锆等）。

（3）激光焊机器人   激光焊机器人是用于激光焊自动作业的工业机器人，能够实现更加柔性的激光焊作业，其末端执行器是激光加工头。

传统的焊接由于热输入极大，会导致工件扭曲变形，从而需要大量后续加工手段来弥补此变形，致使费用加大。而采用全自动的激光焊技术可以极大地减小工件变形，提高焊接产品质量。激光焊属于熔化焊，是将高强度的激光束辐射至金属表面，激光被金属吸收后转化为热能，使金属熔化后冷却结晶形成焊缝金属。激光焊属于非接触式焊接，作业过程中不需要加压，但需要使用惰性气体以防熔池氧化。

由于激光焊具有能量密度高、变形小、焊接速度高、无后续加工的优点，近年来，激光焊机器人广泛应用在汽车、航天航空、国防工业、造船、海洋工程、核电设备等领域，其非常适用于大规模生产线和柔性制造，如图 1-19 所示。

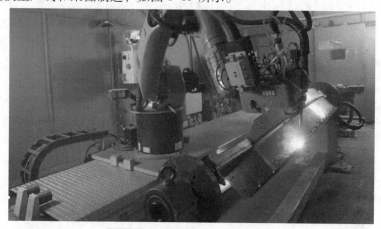

图 1-19   激光焊机器人焊接作业

3. 涂装

涂装机器人适用于生产量大、产品型号多、表面形状不规则的工件外表面涂装，广泛应用于汽车及其零配件、仪表、家电、建材和机械等行业。

按照机器人手腕结构形式的不同，涂装机器人可分为球型手腕涂装机器人和非球型手腕涂装机器人；其中，非球型手腕涂装机器人根据相邻轴线的位置关系又可分为正交非球型手腕和斜交非球型手腕 2 种形式，如图 1-20 所示。

（1）球型手腕涂装机器人   球型手腕涂装机器人除了具备防爆功能外，其手腕结构与通用 6 轴关节型工业机器人相同，即 1 个摆动轴、2 个回转轴，3 个轴线相交于一点，且两相邻关节的轴线垂直，具有代表性的国外产品有 ABB 公司的涂装机器人 IRB52，国内产品有新松公司的涂装机器人 SR35A。

（2）正交非球型手腕涂装机器人   正交非球型手腕涂装机器人的 3 个回转轴相交于两点，

a）球型手腕　　　　　　b）正交非球型手腕　　　　　c）斜交非球型手腕

图1-20 涂装机器人

且相邻轴线夹角为90°，具有代表性的产品为ABB公司的涂装机器人IRB5400、IRB5500。

（3）斜交非球型手腕涂装机器人 斜交非球型手腕涂装机器人的手腕相邻两轴线不垂直，而是具有一定角度，为3个回转轴，且3个回转轴相交于两点，具有代表性的为安川、川崎、发那科公司的涂装机器人。

4. 装配

装配是一个比较复杂的作业过程，不仅要检测装配过程中的误差，而且要试图纠正这种误差。装配机器人是柔性自动化系统的核心设备，末端执行器种类多，可适应不同的装配对象。传感系统用于获取装配机器人与环境和装配对象之间相互作用的信息。

装配机器人主要应用于各种电器的制造及流水线产品的组装作业，具有高效、精确、持续工作的特点，如图1-21所示。

5. 码垛

码垛机器人可以满足中低产量的生产需要，也可按照要求的编组方式和层数，完成对料袋、箱体等各种产品的码垛，如图1-22所示。

图1-21 装配机器人

图1-22 码垛机器人

使用码垛机器人能提高企业的生产率和产量，同时减少人工搬运造成的错误；还可以全天候作业，节约大量人力资源成本。码垛机器人广泛应用于化工、饮料、食品、啤酒、塑料等生产企业。

6. 打磨

打磨机器人是可进行自动打磨的工业机器人，主要用于工件的表面打磨、棱角去毛刺、焊缝打磨、内腔内孔去毛刺、孔口螺纹口加工等工作。

打磨机器人广泛应用于3C、卫浴五金、IT、汽车零部件、工业零件、医疗器械、家具制造、民用产品等领域。

在目前的实际应用中，打磨机器人大多数是6轴机器人。根据末端执行器性质的不同，打磨机器人可分为两大类，即机器人持工件和机器人持工具，如图1-23所示。

a) 机器人持工件   b) 机器人持工具

图1-23　打磨机器人分类

（1）机器人持工件　机器人持工件通常用于需要处理的工件相对比较小，机器人通过其末端执行器抓取待打磨工件并操作工件在打磨设备上进行打磨。一般在该机器人的周围有一台或数台设备。这种方式应用较多，其特点如下。

1）可以打磨很复杂的几何形状。

2）可将打磨后的工件直接放到发货架上，容易实现现场流水线化。

3）在一个工位完成机器人的装件、打磨和卸件，投资相对较小。

4）打磨设备可以很大，采用大功率，可以使打磨设备的维护周期加长，加快打磨速度。

5）可以采用便宜的打磨设备。

（2）机器人持工具　机器人持工具一般用于大型工件或对于机器人来说比较重的工件。机器人末端持有打磨工具并对工件进行打磨。工件的装卸可由人工进行，机器人自动地从工具架上更换所需的打磨工具。通常在此系统中采用力控制装置来保证打磨工具与工件之间的压力一致，补偿打磨头的消耗，获得均匀一致的打磨质量，同时也能简化示教。这种方式有如下的特点。

1）工具结构紧凑、重量轻。

2）打磨头的尺寸小、消耗快、更换频繁。

3）可以从工具架中选择和更换所需的工具。

4）可以用于磨削工件的内部表面。

思 考 题

1. 什么是工业机器人？
2. 工业机器人的特点有哪些？
3. 工业机器人的"四大家族"和"四小家族"是指哪几家企业？
4. 按结构运动形式，工业机器人可分为哪几类？
5. 工业机器人的常见应用有哪些？

第2章

Chapter

工业机器人基础知识

目前，工业应用中以第一代机器人为主，应用广泛的机器人主要有4种，即垂直多关节机器人、水平多关节机器人、直角坐标机器人和并联机器人 DELTA。本书围绕4种机器人，介绍工业机器人相关的共性基础知识和应用分析。

 2.1 基本术语

1. 刚体

刚度是物体在外力作用下抵制变形的能力，用外力和在外力作用方向上的变形量（位移）之比来度量。

在任何力的作用下，体积和形状都不发生改变的物体称为刚体。

在物理学上，理想的刚体是一个固体的、尺寸值有限的、形变情况可以被忽略的物体。不论是否受力，刚体内任意两点的距离都不会改变。在运动过程中，刚体上任意一条直线在各个时刻的位置都保持平行。

3. 基本术语

2. 空间直角坐标系

空间直角坐标系又称为笛卡尔直角坐标系。它是以空间一点 O 为原点，建立三条两两相互垂直的数轴，即 X 轴、Y 轴和 Z 轴。机器人系统中常用的坐标系为右手坐标系，即3个轴的正方向符合右手规则：右手大拇指指向 Z 轴正方向，食指指向 X 轴正方向，中指指向 Y 轴正方向，如图2-1所示。如果没有特别指明，本书中的机器人坐标系默认为右手坐标系。

3. 自由度

自由度是描述物体具有确定运动时所需要的独立运动参数的数目。

在三维空间中描述一个物体的位姿（即位置和姿态）需要 6 个自由度，如图 2-2 所示。

1）沿空间直角坐标系 $OXYZ$ 的 X、Y、Z 三个轴的平移运动 T_X、T_Y、T_Z。

2）绕空间直角坐标系 $OXYZ$ 的 X、Y、Z 三个轴的旋转运动 R_X、R_Y、R_Z。

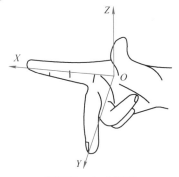

图 2-1　右手规则

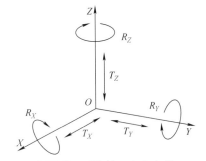

图 2-2　刚体的 6 个自由度

物体在空间直角坐标系中运动时，如果某个或多个运动方向受约束，则该物体对应失去 1 个或多个自由度。如果 6 个方向的运动都被限制，则自由度为 0，即物体不能运动。

4. 关节和连杆

关节即运动副，是允许工业机器人机械臂各零件之间发生相对运动的机构，是两构件直接接触并能产生相对运动的可动连接。

连杆是工业机器人机械臂上被相邻两关节分开的部分，是保持各关节间固定关系的刚体，是机械机构中两端分别与主动和从动构件铰接以传递运动和力的杆件。

连杆连接着关节，其作用是将一种运动形式转变为另一种运动形式。关节与连杆的关系如图 2-3 所示。

（1）关节类型　工业机器人常用的关节是转动关节和移动关节，如图 2-4 所示。

1）转动关节。转动关节又称为转动副，是使连续两个连杆的组件中的一件相对于另一件绕固定轴线转动的关节，两个连杆之间只做相对转动。

按照轴线的方向，转动关节可分为回转关节和摆动关节。

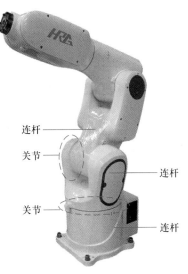

图 2-3　关节与连杆的关系

a) 转动关节

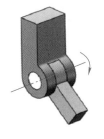

b) 移动关节

图 2-4　关节示意图

　① 回转关节。回转关节是两连杆相对运动的转动轴线与连杆的纵轴线（沿连杆长度方向设置的轴线）共轴的关节，旋转角可达360°以上，如图2-5a和图2-6所示。

　② 摆动关节。摆动关节是两连杆相对运动的转动轴线与两连杆的纵轴线垂直的关节，通常受到结构的限制，转动角度小，如图2-5b、c和图2-6所示。

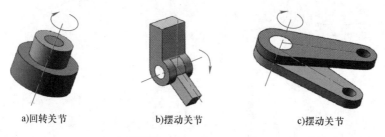

a)回转关节　　　　　　b)摆动关节　　　　　　c)摆动关节

图2-5　转动关节示意图

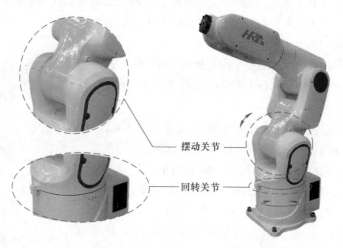

图2-6　PUMA 560 的转动关节

　2）移动关节。移动关节又称为移动副、滑动关节，是使两个连杆的组件中的一件相对于另一件做直线运动的关节，两个连杆之间只做相对移动，如图2-7所示。

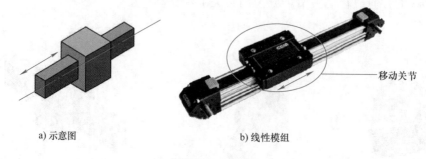

a)示意图　　　　　　　　b)线性模组

图2-7　移动关节

　（2）图形符号　常用关节的图形符号见表2-1。

17

表 2-1　常用关节的图形符号

名称	图形	图形符号	自由度
转动关节	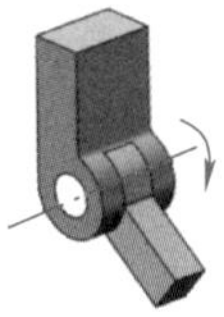 摆动关节		1
	 回转关节	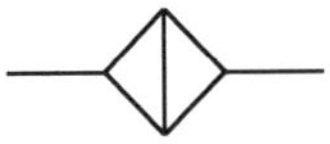	1
移动关节	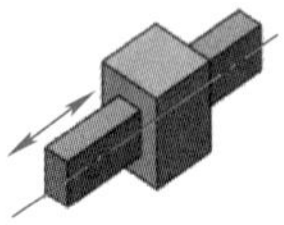	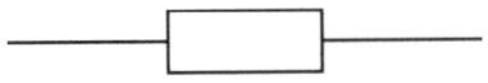 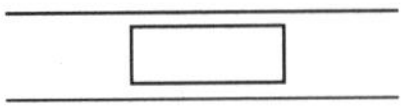	1

机器人常用运动机构的图形符号见表 2-2。

表 2-2　机器人常用运动机构的图形符号

名称		图形符号	实物图
末端执行器	一般型	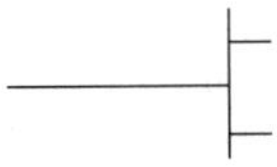	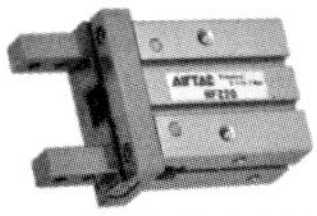
	溶接	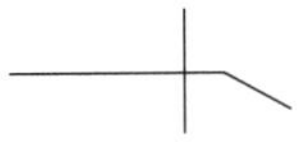	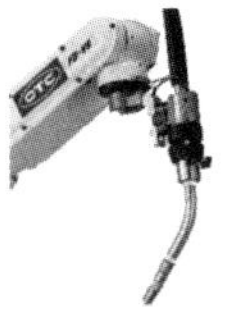
	真空吸引	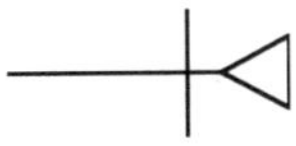	
基座	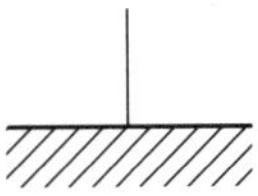		

6自由度工业机器人一般由6个连杆和6个关节组成，其机构简图如图2-8所示。

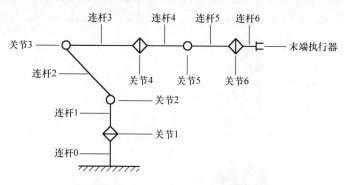

图 2-8　6 自由度工业机器人机构简图

5. 运动轴

通常工业机器人运动轴按其功能可划分为机器人轴、基座轴和工装轴，如图 2-9 所示。

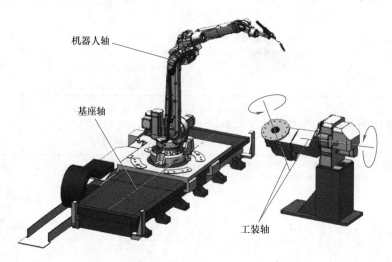

图 2-9　工业机器人运动轴

（1）机器人轴　机器人轴又称为**本体轴**，是机器人操作机的机械臂运动轴，属于机器人本身。例如：通用 6 轴工业机器人的机器人轴数为 6。

（2）基座轴　基座轴是使机器人移动的轴的总称，主要是行走轴，如移动滑台或导轨。

（3）工装轴　工装轴是除机器人轴、基座轴以外的轴的总称，是使工件、工装夹具翻转和回转的轴，如回转台、翻转台等。

基座轴和工装轴属于外部轴。

6. 工具中心点

工具中心点（Tool Center Point，TCP）是机器人系统的控制点，出厂时默认为最后一个运动轴或连接法兰的中心。

安装工具后，TCP 将发生变化，变为工具末端的中心，如图 2-10 所示。为实现精确运动控制，当换装工具或发生工具碰撞时，皆需进行 TCP 标定，具体标定过程详见后续机器人应用章节。

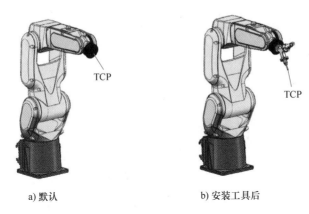

a) 默认　　　　　　　　　　　　　　b) 安装工具后

图 2-10　机器人工具中心点

7. 机器人运动坐标系

坐标系是为确定机器人的位置和姿态而在机器人或空间上进行定义的位置指标系统。

工业机器人系统中常用的运动坐标系有关节坐标系、世界坐标系、基坐标系、工具坐标系和工件坐标系。

其中世界坐标系、基坐标系、工具坐标系和工件坐标系均属于空间直角坐标系。机器人大部分坐标系都是空间直角坐标系，符合右手规则。

（1）关节坐标系　关节坐标系是设定在机器人关节中的坐标系，如图 2-11 所示。在关节坐标系下，工业机器人各轴均可实现单独正向或反向运动。对于大范围运动，且不要求 TCP 姿态时，可选择关节坐标系。

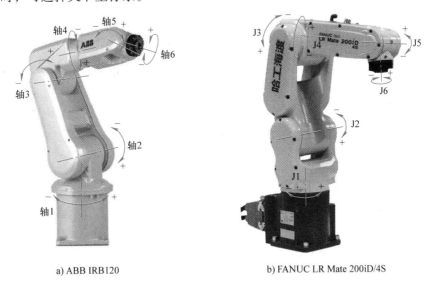

a) ABB IRB120　　　　　　　　　　　b) FANUC LR Mate 200iD/4S

图 2-11　工业机器人的关节坐标系

（2）世界坐标系　世界坐标系是机器人系统的绝对坐标系，是建立在工作单元或工作站中的固定坐标系，如图 2-12 所示坐标系 $O_0X_0Y_0Z_0$。它用于确定机器人与周边设备之间或者若干个机器人之间的位置。所有其他坐标系均与世界坐标系直接或者间接相关。

对于单个机器人而言，在默认情况下，世界坐标系与基坐标系是重合的。

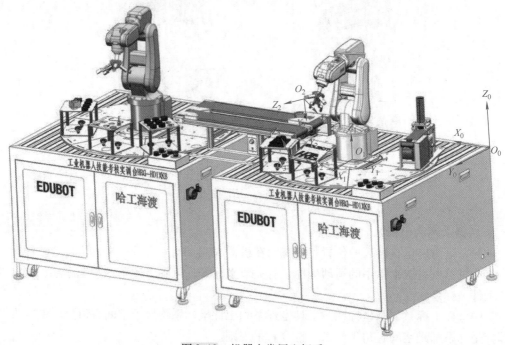

图 2-12　机器人常用坐标系

（3）基坐标系　基坐标系是机器人工具和工件坐标系的参照基础，是工业机器人示教与编程时经常使用的坐标系之一。工业机器人出厂前，其基坐标系已由生产厂商定义好，用户不可以更改。

各生产厂商对机器人的基坐标系的定义各不相同，需要参考相关技术手册。ABB 和 FANUC 机器人的基坐标系定义见表 2-3。

表 2-3　ABB 和 FANUC 机器人的基坐标系定义

品牌	ABB 机器人	FANUC 机器人
定义	原点定义在机器人安装面与第 1 轴的交点处，X 轴向前，Z 轴向上，Y 轴按右手规则确定，如图 2-12 所示坐标系 $O_1X_1Y_1Z_1$	原点定义在第 2 轴所处水平面与第 1 轴交点处，Z 轴向上，X 轴向前，Y 轴按右手规则确定
示意图		

（4）工具坐标系 工具坐标系（Tool Control Frame，TCF）是用来定义工具中心点的位置和工具姿态的坐标系，其原点定义在 TCP 点，但 X 轴、Y 轴和 Z 轴的方向定义因生产厂商而异。未定义时，工具坐标系默认在连接法兰中心处，如图 2-13 所示；而安装工具且重新定义后，工具坐标系位置会发生改变，如图 2-12 所示坐标系 $O_2 X_2 Y_2 Z_2$。

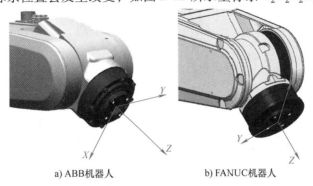

a) ABB机器人   b) FANUC机器人

图 2-13 机器人的默认工具坐标系

工具坐标系的方向随腕部的移动而发生变化，与机器人的位姿无关。因此，在进行相对于工件不改变工具姿态的平移操作时，选用该坐标系最为适宜。

（5）工件坐标系 工件坐标系也称为用户坐标系，是用户对每个工作空间进行定义的直角坐标系。该坐标系以基坐标系为参考，通常建立在工件或工作台上，如图 2-12 所示坐标系 $O_3 X_3 Y_3 Z_3$。当机器人配置多个工件或工作台时，选用工件坐标系可使操作更为简单。

工件坐标系优点：当机器人运行轨迹相同，工件位置不同，只需要更新工件坐标系即可，无须重新编程。

通常，在建立机器人项目时，至少需要建立两个坐标系，即工具坐标系和工件坐标系。前者便于操作人员进行调试工作，后者便于机器人记录工件位置信息。

不同的机器人坐标系功能等同，即机器人在关节坐标系下完成的动作，同样可在直角坐标系下实现。

机器人在关节坐标系下的动作是单轴运动，而在其他坐标系下则是多轴联动。除关节坐标系以外，其他坐标系均可实现控制点不变动作（即只改变工具姿态而不改变 TCP 位置），这在进行机器人工具坐标系标定时经常用到。而机器人外部轴的运动控制只能在关节坐标系下进行。

2.2 主要技术参数

在进行机器人选型之前，首先要了解机器人的主要技术参数，然后根据生产和工艺的实际要求来选择机器人的负载、机械结构和生产节拍等。

机器人的技术参数反映了机器人的适用范围和工作性能，主要包括自由度、额定负载、工作空间、最大工作速度、分辨率和工作精度，其他参数还有控制方式、驱动方式、安装方式、动力源容量、本体重量、

4. 主要技术参数

环境参数等。

1. 自由度

机器人的自由度是机器人相对坐标系能够进行独立坐标运动的数目，不包括末端执行器的动作，如图 2-14 所示。

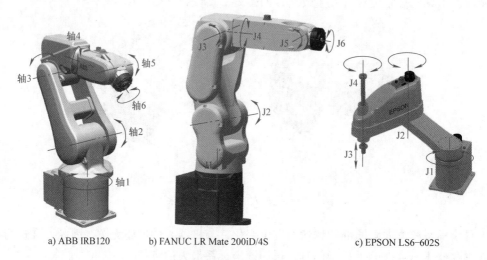

a) ABB IRB120   b) FANUC LR Mate 200iD/4S   c) EPSON LS6–602S

图 2-14　机器人的自由度

机器人的自由度反映机器人动作的灵活性，自由度越多，机器人就越能接近人手的动作机能，通用性越好；但是自由度越多，结构就越复杂，对机器人的整体要求就越高。因此，机器人的自由度是根据其用途设计的。

采用空间开链连杆机构的机器人，因每个关节仅有一个自由度，所以机器人的自由度数就等于它的关节数。

由于具有 6 个旋转关节的铰链开链式机器人从运动学上已被证明能以最小的结构尺寸获取最大的工作空间，并且能以较高的位置精度和最优的路径到达指定位置，因而关节机器人在工业领域得到广泛应用。

目前，焊接和涂装机器人多为 6 个自由度，搬运、码垛和装配机器人多为 4 ~ 6 个自由度，而 7 个及以上的自由度是冗余自由度，是为了满足复杂工作环境和多变的工作需求。从运动学角度上看，完成某一特定作业时具有多余自由度的机器人称为冗余度机器人，如库卡公司的 LBR iiwa 和 Rethink Robotics 的 Baxter，如图 2-15 所示。

2. 额定负载

额定负载也称为有效负荷，是在正常作业条件下，机器人在规定性能范围内，手腕末端所能承受的最大载荷。

目前使用的工业机器人负载范围较大，为 0.5kg ~ 2300kg，见表 2-4。

额定负载通常用载荷图表示，如图 2-16 所示。

在图 2-16 中：纵轴（Z）表示负载重心到连接法兰端面的距离，横轴（L 或 X、Y）表示负载重心在连接法兰端面所处平面上的投影与连接法兰中心的距离。图 2-16 中物件重心落在 2kg 载荷线上，表示此时物件质量不能超过 2kg。

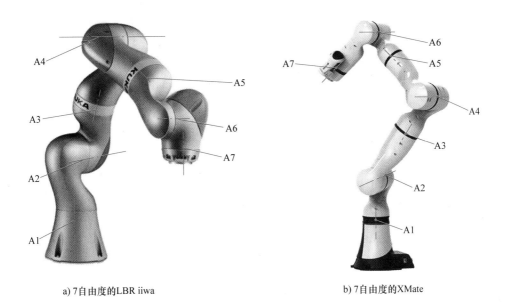

a) 7自由度的LBR iiwa   b) 7自由度的XMate

图 2-15　冗余度机器人

表 2-4　工业机器人的额定负载

型号	FANUC M‑1iA/0.5S	FANUC LR Mate 200iD/4S	FANUC M‑200iA/2300	ABB IRB120
实物图				
额定负载	0.5kg	4kg	2300kg	3kg
型号	EPSON LS6‑602S	YASKAWA MH12	YASKAWA MC2000Ⅱ	KUKA KR16
实物图				
额定负载	2kg（最大6kg）	12kg	50kg	16kg

3. 工作空间

工作空间又称为工作范围、工作行程，是机器人作业时，手腕参考中心（即手腕旋转

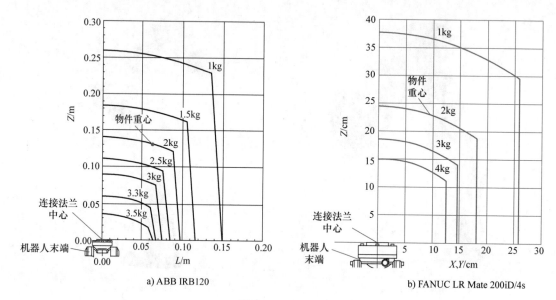

图 2-16　载荷图

中心）所能到达的空间区域，不包括手部本身所能达到的区域，常用图形表示，如图 2-17 和图 2-18 所示，点 P 为手腕参考中心。

工作空间的形状和大小反映了机器人工作能力的大小。它不仅与机器人各连杆的尺寸有关，还与机器人的总体结构有关。机器人在作业时可能会因存在手部不能到达的作业死区而不能完成规定任务。

由于末端执行器的形状和尺寸是多种多样的，为真实反映机器人的特征参数，生产厂商给出的工作空间一般是不安装末端执行器时可以达到的区域。在装上末端执行器后，需要同时保证工具姿态，实际的可达空间会和生产厂商给出的有所差距，因此需要通过比例作图或模型核算，来判断是否满足实际需求。

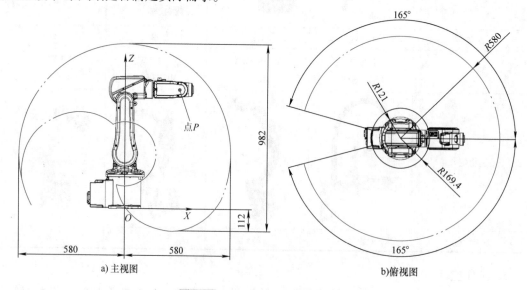

图 2-17　ABB IRB120 的工作空间

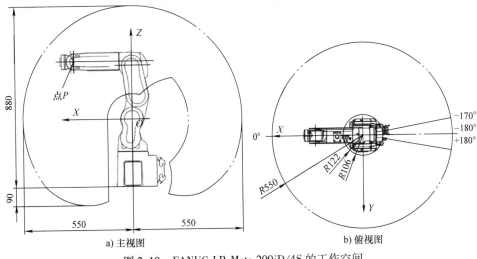

a) 主视图   b) 俯视图

图2-18 FANUC LR Mate 200iD/4S 的工作空间

4. 最大工作速度

最大工作速度是在各轴联动的情况下，机器人手腕中心或者工具中心点所能达到的最大线速度。

不同生产厂商对机器人工作速度规定的内容有所不同，通常会在技术参数中加以说明，见表2-5。

表2-5 ABB IRB120 技术参数

技术参数		
1kg 拾料节拍		
25mm × 300mm × 25mm	0.58s	① $S_1 = S_3 = 25mm$, $S_2 = 300mm$
TCP 最大线速度	6.2m/s	② 机器人末端持有 1kg 物料时，沿 $A \rightarrow B \rightarrow C \rightarrow B \rightarrow A$ 轨迹往返搬运一次的时间为 0.58s
TCP 最大加速度	28m/s²	③ 此往返过程中 TCP 最大线速度为 6.2m/s
加速时间	0.07s	

显而易见，最大工作速度越高，工作效率就越高；然而，工作速度越高，对机器人的最大加速度的要求也越高。

5. 分辨率

分辨率是机器人每根轴能够实现的最小移动距离或最小转动角度。机器人的分辨率由系统设计检测参数决定，并受到位置反馈检测单元性能的影响。

系统分辨率可分为编程分辨率和控制分辨率两部分。

编程分辨率是程序中可以设定的最小距离单位。例如：当电动机旋转 0.1°，机器人对应机械臂尖端点移动的直线距离为 0.01mm 时，其编程分辨率为 0.01mm。

控制分辨率是位置反馈回路能够检测到的最小位移量。例如：若每周（转）1000 个脉冲的增量式编码器与电动机同轴安装，则电动机每旋转 0.36°，编码器就会发出一个脉冲，而小于 0.36° 的角度变化无法检测，因此该系统的控制分辨率为 0.36°。显然，当编程分辨率与控制分辨率相等时，系统性能最优化。

6. 工作精度

机器人的工作精度包括定位精度和重复定位精度。

（1）定位精度　定位精度又称为绝对精度，是机器人的末端执行器实际到达位置与目标位置之间的差距。

（2）重复定位精度　重复定位精度简称为重复精度，是在相同的运动位置命令下，机器人重复定位其末端执行器于同一目标位置的能力，以实际位置值的分散程度来表示。因此，重复定位精度是关于精度的统计数据。

实际上，即使同一台机器人在相同环境和条件下，重复多次执行某位置给定指令时，每次动作的实际位置并不相同，与目标位置都存在误差 d，如图 2-19 所示；而这些位置误差都是在一平均值附近变化，该平均值 h 代表精度，变化的幅值 B 代表重复定位精度，如图 2-20 所示。机器人具有定位精度低、重复定位精度高的特点。

图 2-19　运动位置误差

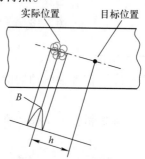

图 2-20　重复定位精度

一般而言，机器人的定位精度要比重复定位精度低 1~2 个数量级，其主要原因是：由于机器人本身的制造误差、工件加工误差以及机器人与工件的定位误差等因素的存在，使机器人的运动学模型与实际机器人的物理模型存在一定的误差，从而导致机器人控制系统根据机器人运动学模型来确定机器人末端执行器的位置时也会产生误差。机器人本身所能达到的精度取决于机器人结构的刚度、运动速度控制和驱动方式、定位和缓冲等因素。

由于机器人有转动关节，不同回转半径时其直线分辨率是变化的，因此机器人的精度难以确定，通常机器人只给出重复定位精度，见表 2-6。

表 2-6　常见机器人的重复定位精度

型号	ABB IRB120	FANUC LR Mate 200iD/4S	YASKAWA MPP3H	KUKA KR16
实物图				
重复定位精度	±0.01mm	±0.02mm	±0.1mm	±0.05mm

2.3 工作空间分析

机器人的工作空间在技术手册中常用图形表示，而多关节机器人的工作空间通常指的是工作半径，即参考中心点 P 与第 1 轴的最大水平距离。

机器人的工作空间通常是相对于自身本体的原点位置而言的。

机器人的原点位置是机器人本体的各个轴同时处于机械原点时的姿态，而机械原点是机器人某一本体轴的角度显示为 0° 时的状态。

机器人各轴的机械原点在机械臂上都有对应的位置标记，如图 2-21 和图 2-22 所示。

5. 工作空间分析

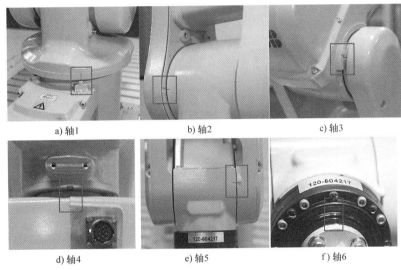

a) 轴1　　　　　b) 轴2　　　　　c) 轴3

d) 轴4　　　　　e) 轴5　　　　　f) 轴6

图 2-21　ABB IRB120 各轴对应的机械原点标记位置

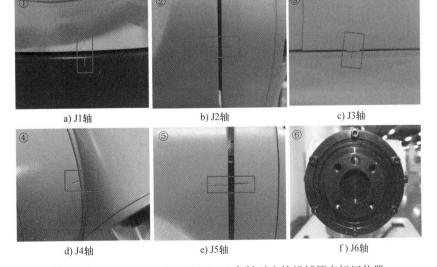

a) J1轴　　　　　b) J2轴　　　　　c) J3轴

d) J4轴　　　　　e) J5轴　　　　　f) J6轴

图 2-22　FANUC LR Mate 200iD/4S 各轴对应的机械原点标记位置

各种型号的机器人机械原点标记位置会有所不同，对应的原点位置也会不一样。原点位置具体要参照机器人使用说明书或手册。

1. 垂直多关节机器人的工作空间

以 YASKAWA 6 轴机器人 MOTOMAN – MH12 为例，说明工作半径的计算方法，其工作空间如图 2-23 所示，各轴的动作范围见表 2-7。

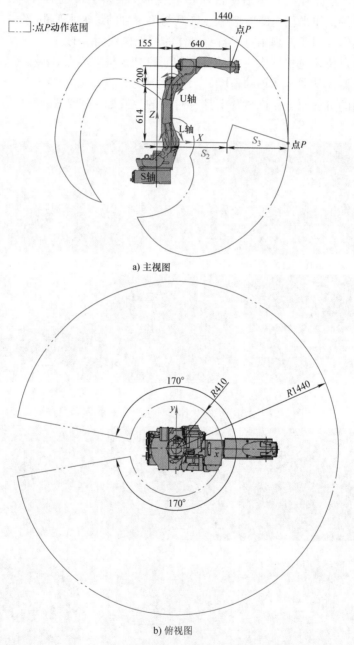

a) 主视图

b) 俯视图

图 2-23　YASKAWA 6 轴机器人 MOTOMAN – MH12 的工作空间

表2-7 YASKAWA6轴机器人MOTOMAN MH12各轴的动作范围

	S轴（回转）	$-170° \sim +170°$
	L轴（下臂）	$-90° \sim +155°$
	U轴（上臂）	$-175° \sim +240°$
动作范围	R轴（手臂回转）	$-180° \sim +180°$
	B轴（手臂摆动）	$-135° \sim +135°$
	T轴（手腕回转）	$-360° \sim +360°$

如图2-23a所示，以机器人MOTOMAN-MH12的基坐标系为参照，当L轴、U轴和点P三者同时处于水平位置时（即图2-23a中实线位置），S轴（Z轴）到点P的水平距离即是它的工作半径。

（1）S_1是L轴与S轴的水平偏距 由图2-23a可知，$S_1 = 155\text{mm}$。

（2）S_2是L轴与U轴的距离 由图2-23a可知，$S_2 = 614\text{mm}$。

（3）S_3是点P到U轴的距离 由图2-23a可知，$S_3 = \sqrt{640^2 + 200^2}\text{mm} \approx 671\text{mm}$。
故工作半径 $R = S_1 + S_2 + S_3 = 1440\text{mm}$。

而机器人绕S轴可以回转$-170° \sim +170°$，如图2-23b所示，因此形成的工作空间是球体的一部分。

4轴垂直多关节机器人的工作半径可以参照此方法计算。

2. 水平多关节机器人的工作空间

以爱普生机器人LS6-602S为例，说明工作半径的计算方法，其工作空间如图2-24所示。

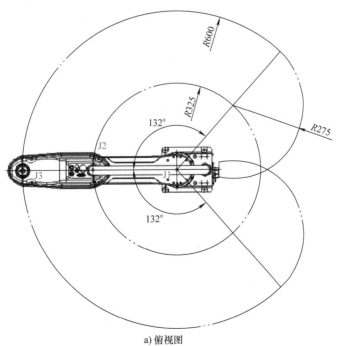

a) 俯视图

图2-24 EPSON机器人LS6-602S的工作空间

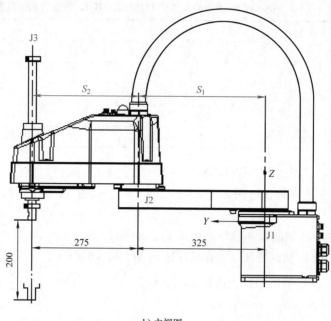

b) 主视图

图 2-24　EPSON 机器人 LS6 – 602S 的工作空间（续）

如图 2-24 所示，以机器人 LS6 – 602S 的基坐标系为参照，当 J1 轴、J2 轴和 J3 轴三者共面时，J1 轴到 J3 轴的距离即是它的工作半径。

（1）S_1 是 J1 轴到 J2 轴的距离　由图 2-24 可知，$S_1 = 325\text{mm}$。

（2）S_2 是 J2 轴到 J3 轴的距离　由图 2-24 可知，$S_2 = 275\text{mm}$。

故工作半径 $R = S_1 + S_2 = 600\text{mm}$。

而 J3 轴沿垂直方向上下移动的行程为 200mm，如图 2-24b 所示，因此形成的工作空间是一个圆柱体形。

3. 直角坐标机器人的工作空间

以直角坐标机器人 EDUBOT 为例，其工作空间如图 2-25 所示。

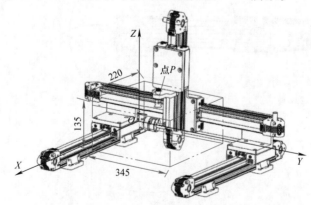

图 2-25　直角坐标机器人 EDUBOT 的工作空间

　　直角坐标机器人的工作空间是一个长方体，如图 2-25 中的双点画线所示，该长方体的长、宽和高分别为 345mm、220mm 和 135mm。

4. 并联机器人的工作空间

　　以 ABB 机器人 IRB360 – 8/1130 为例，其工作空间如图 2-26 所示。

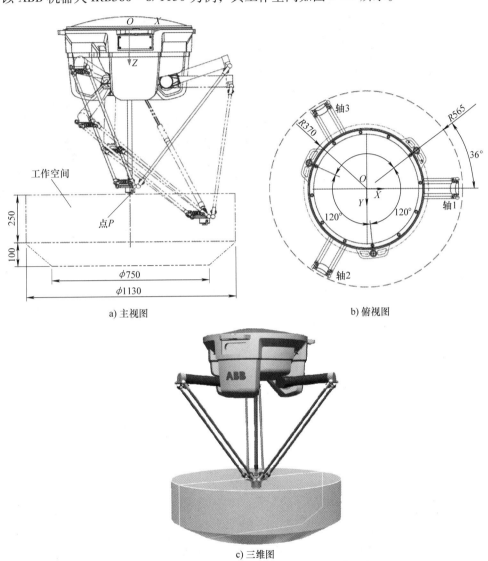

a) 主视图　　　　　　　　　　　　　　b) 俯视图

c) 三维图

图 2-26　ABB 机器人 IRB360 – 8/1130 的工作空间

思　考　题

1. 工业机器人的运动轴分为哪几种？
2. 工业机器人常用坐标系有哪几种？每个坐标系的含义是什么？
3. 什么是定位精度、重复定位精度？它们的联系与区别是什么？
4. 为什么工业机器人技术参数表格中不标出定位精度值？
5. 6 轴垂直多关节机器人的工作半径是如何确定的？

第3章

Chapter

工业机器人系统组成

第一代机器人主要由 3 个部分组成，即操作机、控制器和示教器，如图 3-1 所示。第二代以及第三代机器人还包括感知系统和分析决策系统，它们分别由感知类传感器和软件实现。

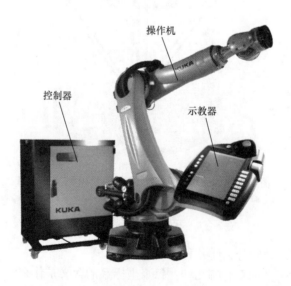

图 3-1 第一代机器人的基本组成

3.1 操作机

机器人的操作机主要包括4个部分，即机械臂、驱动装置、传动装置和内部传感器。

6. 机械臂、驱动装置

3.1.1 机械臂

机械臂是机器人的机械结构部分，是机器人的主要承载体和直观的动作执行机构。工业应用中典型的机械臂有四种，即垂直多关节型机械臂、水平多关节型机械臂、直角坐标型机械臂和DELTA并联型机械臂。

1. 垂直多关节机器人

垂直多关节机器人的机械系统由多个连杆、关节等组成，其本质上是一个拟人手臂的空间多自由度开链式机构，一端固定在基座上，另一端可自由运动。工业应用中的垂直多关节机器人以6轴和4轴为主。

（1）6轴垂直多关节机器人

1）机械臂组成。6轴垂直多关节机器人的机械臂主要包括4个部分，即基座、腰部、手臂和手腕，如图3-2所示。

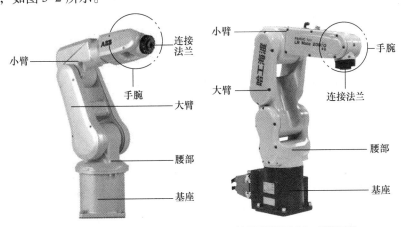

a) ABB IRB120   b) FANUC LR Mate 200iD/4S

图3-2 6轴垂直多关节机器人机械臂组成

① 基座。基座是机器人的支承基础，整个执行机构和驱动、传动装置都安装在基座上。在作业过程中，基座还要能够承受外部作用力，臂部的运动越多，基座的受力越复杂。

机器人的基座安装方式主要分为两种，即固定式和移动式。固定式机器人是直接固定在地面上的；移动式机器人是安装在移动装置上的。

② 腰部。机器人的腰部一般是与基座相连接的回转机构，也可以与基座做成一个整体。有时为了扩大工作空间，腰部也可以通过导杆或导槽在基座上移动。

腰部是机器人整个手臂的支承部分，带动手臂、手腕和末端执行器在空间回转，同时决定了它们所能达到的回转角度范围。

③ 手臂。手臂是连接腰部和手腕的部分，由操作机的动力关节和连接杆等组成。手臂又称为主轴，是执行机构中的主要运动部件，作用是改变手腕和末端执行器的空间位置，以满足机器人的工作空间，并将各种载荷传递到基座。

对于 6 轴机器人而言，手臂一般包括大臂和小臂。大臂是连接腰部的部分，小臂是连接手腕的部分，大臂与小臂之间通过转动关节相连。

④ 手腕。机器人的手腕是连接末端执行器和手臂的部分，将作业载荷传递到手臂，也称为次轴，其作用是调整或改变末端执行器的空间位姿，因此它具有独立的自由度，从而使末端执行器完成复杂的动作。

a. 手腕的分类。手腕按其运动形式一般分为回转手腕和摆动手腕，如图 3-3 所示。

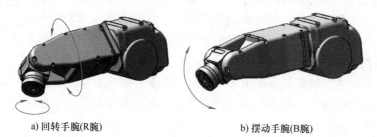

a) 回转手腕(R腕)   b) 摆动手腕(B腕)

图 3-3   手腕的分类

回转手腕又称为 R 腕，是一种回转关节，如图 3-3a 所示。摆动手腕又称为 B 腕，是一种摆动关节，如图 3-3b 所示。

b. 手腕的自由度。通常 6 轴垂直多关节机器人的手腕有 3 个自由度，这样能够使末端执行器处于空间任意姿态。手腕是由 R 腕和 B 腕组合而成。手腕结构形式有 RBR 型和 3R型，如图 3-4 所示。常用的是 RBR 型，而涂装行业一般采用 3R 型。

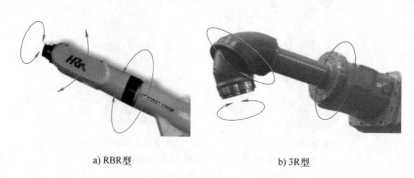

a) RBR型   b) 3R型

图 3-4   手腕结构形式

2）本体轴。顾名思义，6 轴垂直多关节机器人的机械臂有 6 个可活动关节，对应 6 个机器人本体轴。

机器人本体轴可分为两类：基本轴和腕部轴。

① 基本轴又称为主轴，用于保证末端执行器达到工作空间的任意位置。

② 腕部轴又称为次轴，用于实现末端执行器的任意空间姿态。

6 轴关节机器人的品牌繁多，各厂商对机器人轴的命名各不相同。四大机器人家族对其

6 轴机器人本体轴的命名如图 3-5 所示。6 轴机器人本体轴的类型见表 3-1。

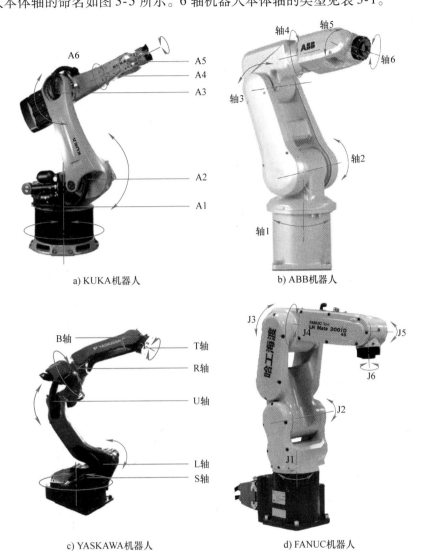

a) KUKA机器人   b) ABB机器人

c) YASKAWA机器人   d) FANUC机器人

图 3-5　四大机器人家族对其 6 轴机器人本体轴的命名

表 3-1　6 轴机器人本体轴的类型

四大家族	基本轴（主轴）			腕部轴（次轴）		
	第 1 轴	第 2 轴	第 3 轴	第 4 轴	第 5 轴	第 6 轴
ABB	轴 1	轴 2	轴 3	轴 4	轴 5	轴 6
KUKA	A1	A2	A3	A4	A5	A6
YASKAWA	S 轴	L 轴	U 轴	R 轴	B 轴	T 轴
FANUC	J1	J2	J3	J4	J5	J6

（2）4 轴垂直多关节机器人

1）机械臂组成。4 轴垂直多关节机器人可以看成是 6 轴垂直多关节机器人的简化。它的机械臂也是由基座、腰部、手臂和手腕 4 个部分组成，但一般将手腕的 3 个自由度简化成 1 个自由度，其他组成部分和 6 轴机器人的类似，主要用于搬运和码垛行业。

2）本体轴。4 轴机器人本体轴与 6 轴机器人类似，可分为两类，即基本轴和腕部轴。四大机器人家族对其 4 轴机器人本体轴的命名如图 3-6 所示。4 轴机器人本体轴的类型见表 3-2。

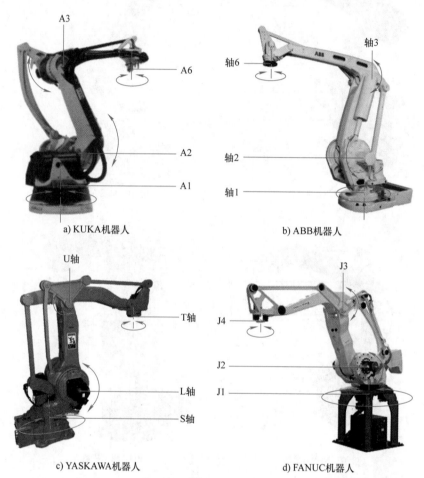

图 3-6　四大机器人家族对其 4 轴机器人本体轴的命名

表 3-2　4 轴机器人本体轴的类型

四大家族	基本轴（主轴）			腕部轴（次轴）
	第 1 轴	第 2 轴	第 3 轴	第 4 轴
ABB	轴 1	轴 2	轴 3	轴 6
KUKA	A1	A2	A3	A6
YASKAWA	S 轴	L 轴	U 轴	T 轴
FANUC	J1	J2	J3	J4

2. 水平多关节机器人

水平多关节机器人的机械臂是串联配置的，且能够在水平面内旋转。水平多关节机器人即 SCARA（Selective Compliance Assembly Robot Arm）机器人，具有选择顺应性装配机器人手臂。

（1）机械臂组成　水平多关节机器人的机械臂主要包括 3 个部分，即基座、大臂和小臂，如图 3-7 所示。

水平多关节机器人的基座和 6 轴机器人的类似，有些区别的是：与水平多关节机器人基座相连的是大臂，与大臂相连的是小臂，而小臂上可装末端执行器。

（2）本体轴　水平多关节机器人具有 4 个本体轴和 4 个自由度，各厂商对水平多关节机器人本体轴的命名有所不同，见表 3-3。

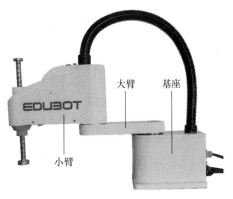

图 3-7　水平多关节机器人机械臂组成

表 3-3　水平多关节机器人本体轴的命名

厂商	各轴名称				实物图
	第 1 轴	第 2 轴	第 3 轴	第 4 轴	
EPSON	J1	J2	J3	J4	
YAMAHA	X 轴	Y 轴	Z 轴	R 轴	

（续）

厂商	各轴名称				实物图
	第1轴	第2轴	第3轴	第4轴	
ABB	轴1	轴2	轴3	轴4	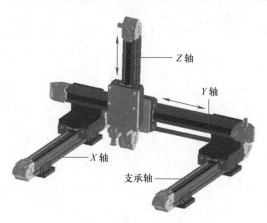

3. 直角坐标机器人

直角坐标机器人在空间上具有多个相互垂直的移动轴，常用的是 3 个轴，如图 3-8 所示。

（1）机械臂组成　直角坐标机器人的机械臂分为 X 轴、Y 轴和 Z 轴三个部分，其中 X 轴方向上还有一个起稳定支承作用的轴，两轴之间通过传动机构相连，实现同步移动，如图 3-8 所示。

（2）本体轴　直角坐标机器人的本体轴为 X 轴、Y 轴和 Z 轴，运动方向如图 3-8 所示。

图 3-8　直角坐标机器人机械臂组成

4. 并联机器人 DELTA

并联机器人 DELTA 是一种高速、轻载机器人，通常具有 3~4 个自由度，可以实现工作空间的 X、Y、Z 方向的平移以及绕 Z 轴的旋转运动。

（1）机械臂组成　并联机器人 DELTA 的机械臂包括 4 个部分，即静平台、主动臂、从动臂和动平台，如图 3-9 所示。

1）静平台。静平台又称为基座，常用的是顶吊安装，主要作用是支承整个机器人，并减少机器人运动过程中的惯量。

2）主动臂。主动臂又称为主动杆，其通过驱动电动机与基座直接相连，作用是改

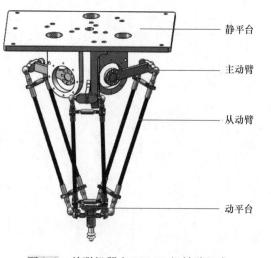

图 3-9　并联机器人 DELTA 机械臂组成

变末端执行器的空间位置。并联机器人 DELTA 有三个相同的并联主动臂，具有 3 个自由度，可以实现机器人在 X、Y、Z 方向的移动。

3）从动臂。从动臂又称为连杆，是连接主动臂和动平台的机构，常用的连接方式是球铰链。

4）动平台。动平台是连接从动臂和末端执行器的部分，其作用是支承末端执行器，并改变其姿态。如果动平台上未装有绕 Z 轴旋转的驱动装置，则并联机器人 DELTA 有 3 个自由度，如图 3-9 所示；如果动平台上装有绕 Z 轴旋转的驱动装置，则并联机器人 DELTA 有 4 个自由度，见表 3-4。

（2）本体轴　常用的并联机器人 DELTA 具有 3 ~ 4 个本体轴，各厂商对并联机器人 DELTA 本体轴的命名有所不同，见表 3-4。

表 3-4　并联机器人 DELTA 本体轴的命名

厂商	各轴名称				实物图
	第 1 轴	第 2 轴	第 3 轴	第 4 轴	
ABB	轴 1	轴 2	轴 3	轴 4	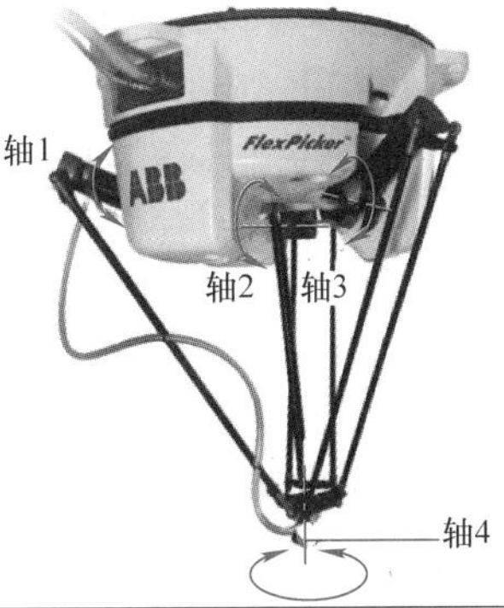
YASKAWA	S 轴	L 轴	U 轴	T 轴	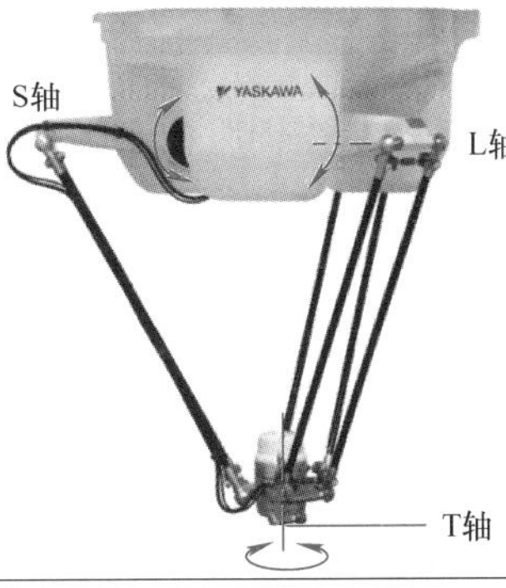
FANUC	J1	J2	J3	J4	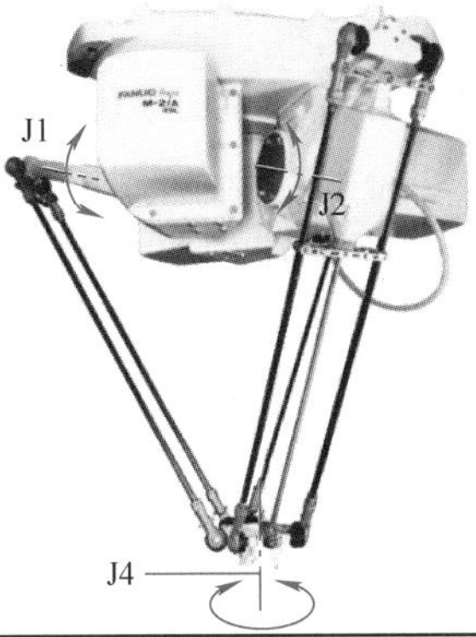

3.1.2　驱动装置

驱动装置是机械臂运动的动力装置。它的作用是提供工业机器人各部位动作的原动力。

根据驱动源的不同，驱动方式可分为 3 种，即电气驱动、液压驱动、气压驱动，见表 3-5。工业机器人大多数采用电气驱动，而其中应用最广的是交流伺服电动机。

驱动装置可以与机械结构系统直接相连，也可以通过传动装置进行间接驱动。

表 3-5　三种驱动方式特点比较

特点\u3000驱动方式	输出力	控制性能	维修使用	结构体积	使用范围	制造成本
电气驱动	输出力较小	容易与 CPU 连接，控制性能好，响应快，可精确定位，但控制系统复杂	维修使用较复杂	需要减速装置，体积较小	高性能、运动轨迹要求严格的机器人	成本较高
液压驱动	压力高，可获得大的输出力	油液不可压缩，压力、流量均容易控制，可无级调速，反应灵敏，可实现连续轨迹控制	维修方便，液体对温度变化敏感，油液泄漏易着火	在输出力相同的情况下，体积比气压驱动方式小	中、小型及重型机器人	液压元件成本较高，管路比较复杂
气压驱动	气体压力低，输出力较小，如需输出力大时，其结构尺寸过大	可高速运行，冲击较严重，精确定位困难；气体压缩性大，阻尼效果差，低速不易控制，不易与 CPU 连接	维修简单，能在高温、粉尘等恶劣环境中使用，泄漏无影响	体积较大	中、小型机器人	结构简单，工件介质来源方便，成本低

伺服电动机是在伺服控制系统中控制机械元件运转的电动机。它可以将电信号转化为转矩和转速以驱动控制对象。

在工业机器人系统中，伺服电动机用作执行元件，把所收到的电信号转换成电动机轴上的角位移或角速度输出。它分为直流和交流伺服电动机两大类。

目前大部分工业机器人操作机的每一个关节均采用一个交流伺服电动机驱动。本书若没特别指出，伺服电动机一般指交流伺服电动机。

1. 基本结构

目前，工业机器人采用的伺服电动机一般为同步型交流伺服电动机，其电动机本体为永磁同步电动机（Permanent Magnet Synchronous Motor，PMSM）。

永磁同步电动机由定子和转子两部分构成，如图 3-10 所示。定子主要包括电枢铁心和三相（或多相）对称电枢绕

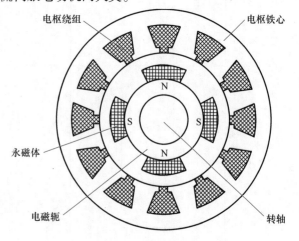

图 3-10　永磁同步电动机

组，绕组嵌放在铁心的槽中；转子由永磁体、导磁轭和转轴构成，永磁体贴在导磁轭上，导磁轭为圆筒型，套在转轴上。当转子的直径较小时，可以直接把永磁体贴在导磁轴上。转子同轴连接有位置、速度传感器，用于检测转子磁极相对于定子绕组的相对位置以及转子转速。

2. 工作原理

当永磁同步电动机的电枢绕组中通过对称的三相电流时，定子将产生一个以同步转速推移的旋转磁场。在稳态情况下，转子的转速恒为磁场的同步转速。于是，定子旋转磁场与转子的永磁体产生的主极磁场保持静止。它们之间相互作用，产生电磁转矩，拖动转子旋转，进行电动机能量转换。当负载发生变化时，转子的瞬时转速就会发生变化。这时如果通过检测传感器检测转子的速度和位置，再根据转子永磁体磁场的位置，利用逆变器控制定子绕组中的电流大小、相位和频率，便会产生连续的转矩作用在转子上，这就是闭环控制的永磁同步电动机工作原理。

根据电动机具体结构、驱动电流波形和控制方式的不同，永磁同步电动机具有两种驱动模式：一种是方波电流驱动的永磁同步电动机；另一种是正弦波电流驱动的永磁同步电动机。前者又称为无刷直流电动机，后者又称为永磁同步交流伺服电动机。

3. 特点

交流伺服电动机具有转动惯量小，动态响应好，能在较宽的速度范围内保持理想的转矩，结构简单，运行可靠等优点。一般同样体积下，交流电动机的输出功率可比直流电动机高出10%~70%，且交流电动机的容量比直流电动机的大，可达到更高的转速和电压。目前在机器人系统中90%的系统是采用交流伺服电动机。

4. 伺服驱动器

伺服驱动器又称为伺服控制器、伺服放大器，是用来控制伺服电动机的一种控制器，如图3-11所示。

伺服驱动器一般是通过位置、速度和转矩三种方式对伺服电动机进行控制，实现高精度的传动系统定位。

（1）位置控制　一般是通过输入脉冲的个数来确定转动的角度。

（2）速度控制　通过外部模拟量（电压）的输入或脉冲的频率来控制转速。

（3）转矩控制　通过外部模拟量（电压）的输入或直接的地址赋值来控制输出转矩的大小。

图3-11　伺服电动机与伺服驱动器

3.1.3　传动装置

当驱动装置的性能要求不能与机械结构系统直接相连时，则需要通过传动装置进行间接驱动。传动装置的作用是将驱动装置的运动传递到关节和动作部位，并使其运动性能符合实际运动的需求，以达到规定的作业。工业机器人中驱动装置的受控运动必须通过传动装置带

7. 传动装置、内部传感器

动机械臂产生运动，以确保末端执行器所要求的位置、姿态和实现其运动。

常用的工业机器人传动装置有减速器、同步带和线性模组，如图 3-12 所示。

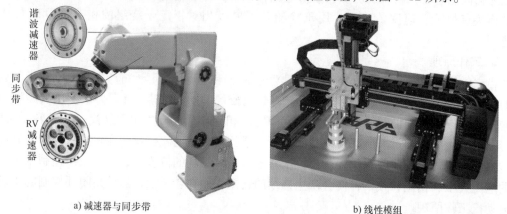

谐波减速器
同步带
RV 减速器

a) 减速器与同步带　　　　　　　　　　　　　　b) 线性模组

图 3-12　常用的工业机器人传动装置

1. 减速器

目前工业机器人的机械传动装置应用最广泛的是减速器，但与通用的减速器要求有所不同，工业机器人所用的减速器应具有功率大、传动链短、体积小、质量小和易于控制等特点。

关节型机器人上采用的减速器主要有两类，即谐波减速器和 RV 减速器。

精密的减速器能使工业机器人伺服电动机在一个合适的速度下运转，并精确地将转速调整到工业机器人各部位所需要的速度，提高了机械本体的刚性并输出更大的转矩。

（1）谐波减速器

1）基本结构。谐波减速器主要由波发生器、柔性齿轮和刚性齿轮 3 个基本构件组成，如图 3-13 所示。

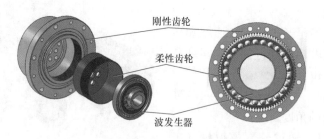

刚性齿轮
柔性齿轮
波发生器

图 3-13　谐波减速器的基本结构

刚性齿轮简称为刚轮，由铸钢或 40Cr 钢制成，刚性好且不会产生变形，带有内齿圈。

柔性齿轮简称为柔轮，是一个薄钢板弯成的圆环，一般由合金钢制成，工作时可产生径向弹性变形并带有外齿，且外齿的齿数比刚性齿轮内齿数少。

波发生器是装在柔性齿轮内部，呈椭圆形，外圈带有柔性滚动轴承。

柔性齿轮和刚性齿轮的齿形分为直线三角齿形和渐开线齿形两种，其中渐开线齿形应用得较多。

波发生器、柔性齿轮和刚性齿轮三者可任意固定一个，其余两个就可以作为主动件和从动件。作为减速器使用时，通常采用波发生器主动，刚性齿轮固定而柔性齿轮输出的形式。

2）工作原理。当波发生器装入柔性齿轮后，迫使柔性齿轮的剖面由原先的圆形变成椭圆形，其长轴两端附近的齿与刚性齿轮的齿完全啮合，而短轴两端附近的齿则与刚性齿轮完全脱离，周长上其他区段的齿处于啮合和脱离的过渡状态。当波发生器沿某一方向连续转动时，会把柔性齿轮上的外齿压到刚性齿轮内齿圈的齿槽中去，由于外齿数少于内齿数，所以每转过一圈，柔性齿轮与刚性齿轮之间就产生了相对运动。在转动过程中，柔性齿轮产生的弹性波形类似于谐波，故称为谐波减速器。

3）特点。谐波减速器传动比特别大，单级的传动比可达到 50～4000；整体结构小，传动紧凑；柔性齿轮和刚性齿轮的齿侧间隙小且可调，可实现无侧隙的高精度啮合；由于柔性齿轮与刚性齿轮之间属于面接触，而且同时接触到的齿数比较多，使得相对滑动速度就比较小，承载能力高的同时还保证了传动效率高，可达到 92%～96%；轮齿啮合周速低，传递运动力量平衡，因此运转安静且振动极小。

谐波减速器有一个很大的缺点，就是存在回差，即空载和负载状态下的转角不同。由于输出轴的刚度不够大，而造成卸载后有一定的回弹。基于这个原因，一般使用谐波减速器时，应尽可能地靠近末端执行器，用在小臂、手腕等轻负载位置（主要用于 20kg 以下的机器人关节），如图 3-14 所示，避免距离半径太大，一点点转角就会产生很大的位置误差。

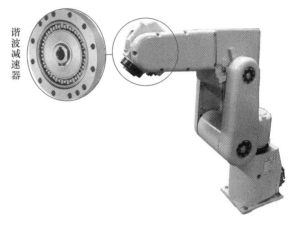

谐波减速器

（2）RV 减速器

1）基本结构。RV 减速器由第一级

图 3-14 谐波减速器

渐开线圆柱齿轮行星减速机构和第二级摆线针轮行星减速机构两部分组成，是一封闭差动轮系。

RV 减速器主要由太阳轮、行星轮、转臂（曲柄轴）、转臂轴承、摆线轮（RV 齿轮）、针齿、刚性盘与输出盘等零件组成，如图 3-15 所示。

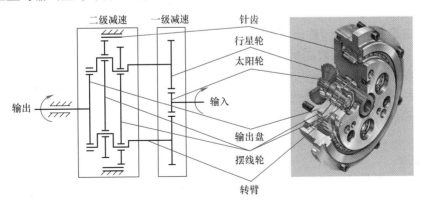

图 3-15 RV 减速器的基本结构

① 太阳轮。它与输入轴相接，负责传输电动机的输入功率，与其啮合的齿轮是渐开线行星轮。

② 行星轮。它与转臂固连，3 个行星轮均匀地分布在一个圆周上，起到功率分流作用，即将输入功率分成三路传递给摆线针轮行星机构。

③ 转臂（曲柄轴）。转臂是摆线轮的旋转轴。它的一端与行星轮相连接，另一端与支承圆盘相连。它可以带动摆线轮产生公转，而且又支承着摆线轮产生自转。

④ 摆线轮（RV 齿轮）。为了实现径向力的平衡，在该传动机构中，一般应采用两个完全相同的摆线轮，分别安装在转臂上，且两摆线轮的偏心位置相互成 180° 对称。

⑤ 针轮。针轮与机架固定在一起，成为一个针轮壳，针轮上有一定数量的针齿。

⑥ 刚性盘与输出盘。输出盘是 RV 传动机构与外界从动工作机相互连接的构件，输出盘与刚性盘相互连接成为一个整体而输出运动或动力。在刚性盘上均匀分布着 3 个转臂的轴承孔，而转臂的输出端借助于轴承安装在这个刚性盘上。

2）工作原理。如图 3-15 所示，主动的太阳轮通过输入轴与执行电动机的旋转中心轴相连，如果渐开线太阳轮顺时针方向旋转，它将带动 3 个呈 120° 布置的行星轮在公转的同时逆时针方向自转，进行第一级减速，并通过转臂带动摆线轮做偏心运动；3 个转臂与行星轮相固连而同速转动，带动铰接在 3 个转臂上的 2 个相位差 180° 的摆线轮，使摆线轮公转，同时由于摆线轮与固定的针轮相啮合，在其公转过程中会受到针轮的作用力而形成与摆线轮公转方向相反的力矩，进而使摆线轮产生自转运动，完成第二级减速。输出机构（即行星架）由装在其上的 3 对转臂轴承来推动，把摆线轮上的自转矢量等速传递给刚性盘与输出盘。

3）特点。基本特点有：传动比范围大、结构紧凑；输出机构采用两端支承的行星架，用行星架左端的刚性盘输出，刚性盘与工作机构用螺栓连接，故刚性大，抗冲击性能好；只要设计合理，制造装配精度保证，就可获得高精度和小间隙回差；除了针轮齿销支承部件外，其余部件均用滚动轴承进行支承，所以传动效率高；采用两级减速机构，低速级的针摆传动公转速度减小，传动更加平稳，转臂轴承个数增多，且内外环相对转速下降，可提高其使用寿命。

与谐波减速器相比，RV 减速器具有较高的疲劳强度、刚度以及较长的寿命，而且回差精度稳定，不像谐波传动，随着使用时间的增长，运动精度就会显著降低，故高精度机器人传动多采用 RV 减速器。

RV 减速器一般放置在机器人的基座、腰部、大臂等重负载位置，主要用于 20kg 以上的机器人关节，如图 3-16 所示。

2. 同步带

带传动是利用张紧在带轮上的柔性带进行运动或动力传递的一种机械传动，通常用于传递平行轴之间的回转运动，或把回转运动转换

图 3-16　RV 减速器

成直线运动。

根据工作原理不同，带传动可分为摩擦带传动和啮合带传动两类。

摩擦带传动是依靠带与带轮之间的摩擦力传递运动的，按带的横截面形状不同可分为四种类型，即平带、V带、圆形带和多楔带，如图3-17所示。

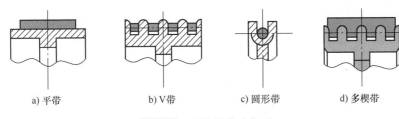

a) 平带　　b) V带　　c) 圆形带　　d) 多楔带

图3-17　摩擦带传动类型

啮合带传动通常是同步带传动，依靠带与带轮上的齿相互啮合来传递运动。

（1）结构原理　同步带传动通常由主动轮、从动轮和张紧在两轮上的环形同步带组成，如图3-18所示。

同步带的工作面齿形有两种，即梯形齿和圆弧齿，带轮的轮缘表面也做成相应的齿形，运行时，带齿与带轮的齿槽相啮合传递运动和动力。同步带一般采用氯丁橡胶作为基材，并在中间加入玻璃纤维等伸缩刚性大的材料，齿面上覆盖耐磨性好的尼龙布。

（2）特点

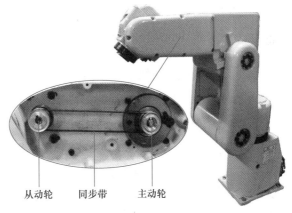

从动轮　　同步带　　主动轮

图3-18　同步带传动的结构原理

1）同步带受载后变形极小，带与带轮之间靠齿啮合传动，故无相对滑动，传动比恒定、准确，可用于定位。

2）同步带薄且轻，可用于速度较高的场合，传动时线速度可达40m/s，传动比可达10，传动效率可达98%。

3）结构紧凑，耐磨性好，传动平稳，能吸振，噪声小。

4）由于预拉力小，承载能力也较小，被动轴的轴承不宜过载。

5）制造和安装精度要求高，必须有严格的中心距，故成本较高。

由于同步带传动惯性小，且有一定的刚度，所以适合于机器人高速运动的轻载关节，如图3-18所示。

3. 线性模组

线性模组是一种直线传动装置，主要有两种方式：一种是由滚珠丝杠和直线导轨组成；另一种是由同步带及同步带轮组成。

线性模组常用于直角坐标机器人中，以完成运动轴相应的直线运动，如图3-19所示。

（1）滚珠丝杠型

1）基本结构。滚珠丝杠型线性模组主要由滚珠丝杠、直线导轨、轴承座等部分组成，如图3-20所示。

图 3-19　直角坐标机器人中的同步带型线性模组

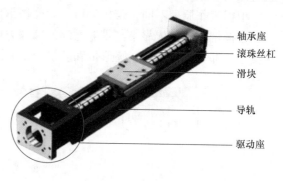

图 3-20　滚珠丝杠型线性模组的基本结构

滚珠丝杠是将回转运动转化为直线运动，或将直线运动转化为回转运动的理想的产品，由丝杠、螺母、滚珠和导向槽组成，如图 3-21 所示。在丝杠和螺母上加工有弧形螺旋导向槽，当它们套装在一起时便形成螺旋滚道，并在滚道内装满滚珠，而螺母是安装在滑块上的。直线导轨由滑块和导轨组成，其中导轨的材料一般是铝合金型材。轴承座的作用是支承丝杠。有的模组自身带有驱动装置（如电动机），用驱动座固定，有的模组自身不带驱动装置，需要额外的驱动设备通过传动轴来驱动丝杠。

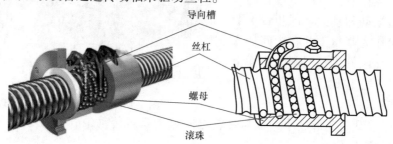

图 3-21　滚珠丝杠的基本组成

2）工作原理。当丝杠相对螺母转动时，带动滚珠沿螺旋滚道滚动，迫使两者发生轴向相对运动，带动滑块沿导轨实现直线运动。为避免滚珠从螺母中掉出，在螺母的螺旋导向槽两端设有回程引导装置，使滚珠能循环地返回滚道，在丝杠与螺母之间构成一个闭合回路。

3）特点。滚珠丝杠型线性模组的特点如下。

①高刚性、高精度。由于滚珠丝杠副可进行预紧并消除间隙，因而模组的轴向刚度高，反向时无空行程（死区），重复定位精度高。

②高效率。由于丝杠与螺母之间是滚动摩擦，摩擦损失小，一般传动效率可达92%～96%。

③体积小、重量轻、易安装、维护简单。

（2）同步带型

1）基本结构。同步带型线性模组主要由同步带、驱动座、支承座、直线导轨等组成，如图 3-22 所示。

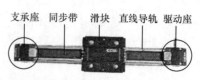

图 3-22　同步带型线性模组的基本结构

同步带型线性模组与同步带传动的结构相似，驱动座的带轮是主动轮，驱动模组直线运动，而支承座的带轮是从动轮，有张紧装置。直线导轨结构与滚珠丝杠型线性模组的类似，区别是它的滑块是固定在同步带上的。

2）工作原理。同步带安装在直线模组两侧的传动轴上，在同步带上固定一块用于增加设备工件的滑块。当驱动座输入运动时，通过带动同步带而使滑块运动。通常同步带型线性模组经过特定的设计，通过支承座可以控制同步带运动的松紧，方便设备在生产过程中的调试。

3.1.4　内部传感器

内部传感器用来确定工业机器人在其自身坐标系内的位姿，如位移传感器、速度传感器、加速度传感器等。工业机器人应用最广泛的内部传感器是编码器。

编码器是一种应用广泛的位移传感器，其分辨率完全能满足工业机器人的技术要求，如图3-23所示。

1. 分类

（1）绝对式编码器和增量式编码器　按照测出的信号形式，编码器可分为绝对式和增量式两类。

目前已出现混合式编码器，使用这种编码器时，用绝对式确定初始位置，在确定由初始位置开始的变动角的精确位置时，则用增量式。

图3-23　编码器

（2）光电式编码器、接触式编码器和电磁式编码器　按照检测方法、结构及信号转化方式的不同，编码器可分为光电式、接触式、电磁式等。目前较为常用的是光电式编码器。

（3）直线编码器和旋转编码器　目前工业机器人中应用最多的是旋转编码器（又称为回转编码器），一般是装在工业机器人各关节的伺服电动机内，用来测量各关节转轴转过的角位移。它把连续输入的轴的旋转角度同时进行离散化（样本化）和量化处理后予以输出。

如果不用圆形转盘（码盘）而是采用一个轴向移动的板状编码器，则称为直线编码器，用于测量直线位移。

本书若没特别指出，编码器通常指旋转编码器。

2. 绝对式光电编码器

绝对式光电编码器是一种直接编码式的测量元件，其可以直接把被测转角或位移转化成相应的代码，指示的是绝对位置而无绝对误差。

（1）基本结构　该类编码器常由3个主要元件构成，即多路光源、光敏元件和光电码盘，如图3-24a所示。

多路光源是一个由 n 个LED组成的线性阵列，其发射的光与光电码盘垂直，并由光电码盘反面对应的2个光敏晶体管构成的线性阵列接收；光电码盘上设置 n 条同心圆环带（又称为码道），将圆盘分成若干等份的径向扇形面，以一定的编码形式（如二进制编码等）将圆环带刻成透明和不透明的区域。

（2）工作原理　当光线透过光电码盘的透明区域，使光敏元件导通，产生低电平信号，代表二进制的"0"；不透明的区域代表二进制的"1"。当某一个径向扇形面处于光源和光

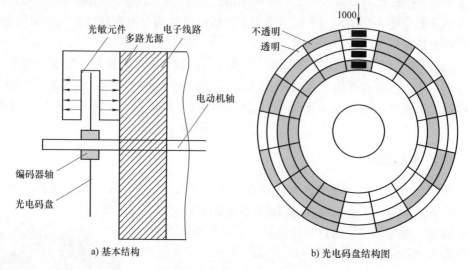

a) 基本结构   b) 光电码盘结构图

图 3-24 绝对式光电编码器

传感器的位置时，光敏元件即接收到相应的光信号，相应地得出光电码盘所处的角度位置。4 码道 16 扇形面的纯二进制光电码盘如图 3-25 所示，该盘的分辨率为 $360°/2^4 = 22.5°$。图 3-24b 所示的二进制编码为 1000，即十进制的 8。绝对式光电编码器对于转轴的每一个位置均产生唯一的二进制编码，因此，通过读出绝对式光电编码器输出，可知道光电码盘的绝对位置。

（3）特点 在系统电源中断时，绝对式光电编码器会记录发生中断的地点，当电源恢复时把记录情况通知系统，不会失去位置信息，即使机器人的电源中断导致旋转部件的位置移动，校准仍保持。

3. 增量式光电编码器

增量式光电编码器的光电码盘有 3 个同心光栅环带，分别称为 A 相、B 相和 C 相光栅，如图 3-25a 所示。A 相光栅与 B 相光栅分别间隔有相等的透明或不透明区域用于透光和遮光，A 相和 B 相在光电码盘上相互错开半个区域。

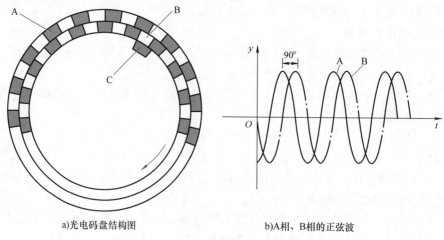

a)光电码盘结构图   b)A相、B相的正弦波

图 3-25 增量式光电编码器

当光电码盘以图 3-25a 所示顺时针方向旋转时，A 相光栅先于 B 相透光导通，A 相和 B 相光敏元件接受时断时续的光。A 相超前 B 相 90°的相位角（1/4 周期），产生了近似正弦的信号，如图 3-25b 所示。这些信号放大整形后成为脉冲数字信号。

根据 A、B 相任何一光栅输出脉冲数的大小就可以确定光电码盘的相对转角；根据输出脉冲的频率可以确定光电码盘的转速；采用适当的逻辑电路，根据 A、B 相输出脉冲的相序就可以确定光电码盘的旋转方向。A、B 两相光栅为工作信号，C 相为标志信号，光电码盘每旋转一周，标志信号发出一个脉冲，它用来作为同步信号。

在机器人的关节转轴上装有增量式光电编码器，可测量出转轴的相对位置，但不能确定机器人转轴的绝对位置，所以这种增量式光电编码器一般用于涂装、搬运及码垛机器人等。

3.2 控制器

机器人控制器是根据机器人的作业指令程序以及传感器反馈回来的信号，支配操作机完成规定运动和功能的装置。它是机器人的关键和核心部分，类似于人的大脑，通过各种硬件和软件的结合来操作机器人，并协调机器人与周边设备的关系。

8. 控制器基本组成、
控制器基本功能

3.2.1 基本组成

按功能作用的不同，控制器主要分为 6 个部分，即主控制模块、运动控制模块、驱动模块、通信模块、电源模块和辅助单元。以 ABB IRC5 标准型控制器为例，如图 3-26 所示，说明其组成部分及功能。

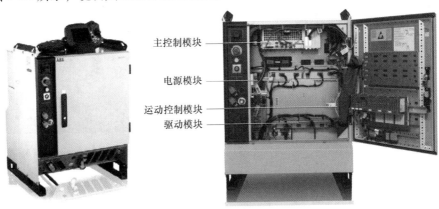

图 3-26　ABB IRC5 标准型控制器及其组成

1. 主控制模块

主控制模块包括微处理器及其外围电路、存储器、控制电路、I/O 接口、以太网接口等，如图 3-27 所示。它用于整体系统的控制、示教器的显示、操作键管理、插补运算等，进行相关数据处理与交换，实现机器人各个关节的运动以及机器人与外界环境的信息交换，是整个机器人系统的纽带，协调着整个系统的运作。

2. 运动控制模块

运动控制模块又称为轴控制模块，如图3-28所示，主要负责主控制模块的数据和伺服反馈的数据处理，将处理后的数据传送给驱动模块，控制机器人关节动作。运动控制模块是驱动模块的大脑。

图3-27 主控制模块

图3-28 运动控制模块

3. 驱动模块

驱动模块主要是伺服驱动板，如图3-29所示，其控制6个关节伺服电动机，接收来自运动控制模块的控制指令，以驱动伺服电动机，从而实现机器人各关节动作。

4. 通信模块

通信模块的主要部分是I/O单元，如图3-30所示。它的作用是完成模块之间的信息交流或控制指令，如主控制模块与运动控制模块、运动控制模块与驱动模块、主控制模块与示教器、驱动模块与伺服电动机之间的数据传输与交换等。

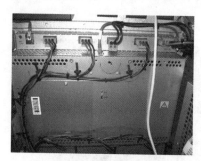

图3-29 驱动模块

图3-30 I/O单元

5. 电源模块

电源模块主要包括系统供电单元和电源分配单元两部分，如图3-31所示，其主要作用是将220V交流电压转化成系统所需要的合适电压，并分配给各个模块。

6. 辅助单元

辅助单元是除了以上5个模块之外的辅助装置，包括散热的风扇和热交换器、存储电能的超大电容器、起安全保护的安全面板、操作控制面板等，如图3-32所示。

各家工业机器人厂商的控制器基本组成是相似的，但有的将其中的两个或者多个模块集成在一起，如YASKAWA DX200控制器将运动控制模块和驱动模块集成在基本轴基板上，

a) 系统供电单元

b) 电源分配单元

图 3-31　电源模块

a) 超大电容器

b) 安全面板

图 3-32　辅助单元

如图3-33所示；FANUC R‒30iB Mate 控制器将主控制模块和运动控制模块集成在主板上，如图3-34所示。

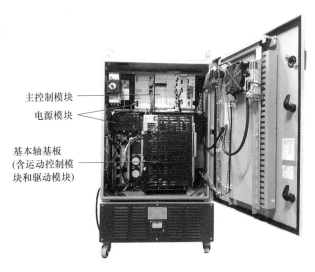

图 3-33　YASKAWA DX200 控制器的组成

图 3-34　FANUC R−30iB Mate 控制器的组成

3.2.2　基本功能

控制器的基本功能如下。

（1）记忆功能　存储作业顺序、运动路径、运动方式、运动速度和与生产工艺有关的信息。

（2）示教功能　在线示教与离线编程。

（3）与外围设备联系功能　输入和输出接口、通信接口、网络接口、同步接口。

（4）坐标设置功能　有关节坐标、基坐标、工具坐标、用户自定义坐标四种。

（5）人机交互　示教器、操作面板、显示屏、触摸屏等。

（6）传感器接口　位置检测、视觉、触觉、力觉等。

（7）位置伺服功能　机器人多轴联动、运动控制、速度和加速度控制、动态补偿等。

（8）故障诊断与安全保护功能　运行时系统状态监视、故障状态下的安全保护和故障自诊断。

9. 控制器工作过程、
　控制器典型产品

3.2.3　工作过程

以图 3-35 为例说明机器人控制器具体的工作过程。

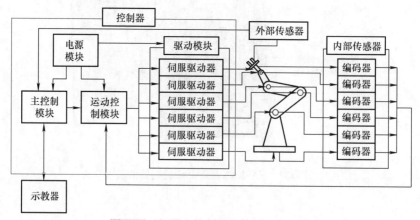

图 3-35　机器人控制器具体的工作过程

主控制模块接收到操作人员从示教器输入的作业指令后，先解析指令，确定末端执行器的运动参数，然后进行运动学、动力学和插补运算，最后得出机器人各个关节的协调运动参数。

这些运动参数经过通信模块输出到运动控制模块，作为关节伺服驱动模块的给定信号。驱动模块中的关节伺服驱动器将此信号经 D-A 转换后，驱动各个关节伺服电动机按一定要求转动，从而使各关节协调运动。同时内部传感器将各个关节的运动输出信号反馈给运动控制模块，形成局部闭环控制，使机器人末端执行器按作业任务要求在空间中实现精确运动。而此时的外部传感器将机器人外界环境参数变化反馈给主控制模块，形成全局闭环控制，使机器人按规定的要求完成作业任务。

在控制过程中，操作人员可直接监视机器人的运动状态，也可从示教器、显示屏等输出装置上得到机器人的有关运动信息。此时，控制器中的主控制模块完成人机对话、数学运算、通信和数据存储；运动控制模块完成伺服控制；而内部传感器完成自身关节运动状态的检测；外部传感器完成外界环境参数变化的检测。

3.2.4 典型产品

机器人行业的各大厂商的控制器多种多样，外形与内部结构也有所不同。四大家族的最新控制器产品实物如图 3-36 ~ 图 3-39 所示。

1. ABB IRC5 紧凑型控制器（图 3-36）

尺寸(高×宽×深)		310mm×449mm×442mm
质量		30kg
电气连接		220V/230V，50~60Hz
防护等级		IP20
环境参数	温度	0~45℃
	相对湿度	最高95%(无凝霜)

a) 实物图　　　　　　　　　b) 主要性能参数

图 3-36　ABB IRC5 紧凑型控制器

该控制器是 ABB 推出的第二代 IRC5 紧凑型控制器，比常规尺寸的 IRC5 要小 87%，更容易集成，更节省空间，通用性也更强，同时丝毫不牺牲系统性能。它的操作面板采用精简设计，改良了线缆接口，增强了使用的便利性和操作的直观性。例如：已预设所有信号的外部接口，并内置可扩展 16 路输入/16 路输出 I/O 系统。

IRC5 紧凑型控制器主要特点如下。

（1）安全至上　采用的电子限位开关和 SafeMove™ 均为新一代安全技术的典范，兼顾机器人单元的安全性与灵活性，增强了人机协作能力，确保操作人员安全。

（2）高速精准　IRC5 控制器配备以 TrueMove™ 和 QuickMove™ 为代表的运动控制技术，提高了 ABB 机器人路径精度和运动速度，缩短了节拍时间，大幅度提升了机器人执行任务的效率。

（3）适应性强　IRC5 控制器兼容各种规格电源电压，广泛适应各类环境条件。该控制器还能以安全、透明的方式与其他生产设备互联互通，其 I/O 接口支持绝大部分主流工业网络，以传感器接口、远程访问接口及一系列可编程接口等形成强大的联网能力。

（4）性能可靠　IRC5 控制器质量过硬，基本实现免维护，无故障运行时间远超同类产品。一旦发生意外停产，其内置的诊断功能有助于及时排除故障、恢复生产。

（5）远程服务　IRC5 控制器还配备了远程监测技术，可迅速完成故障检测，并提供机器人状态终生实时监测，显著提高生产率。

2. KUKA KR C4 控制器（图 3-37）

尺寸(长×高×宽)	960mm×792mm×558mm
质量	150kg
处理器	多核技术
硬盘	SSD
接口	USB3.0、Gbe、DVI-I
轴数(最大)	9
电源频率	49～61Hz
额定输入电压	AC3×208V～3×575V
防护等级	IP54
环境温度	5～45℃

a) 实物图　　　　　　　　　　　　　　　b) 主要性能参数

图 3-37　KUKA KR C4 控制器

KUKA KR C4 控制器降低了集成、保养和维护方面的费用，同时还将持续提高系统的效率和灵活性。KR C4 控制器在软件架构中集成了机器人控制、PLC 控制、运动控制和安全控制。所有控制系统都共享一个数据库和基础设施。KR C4 控制器具有如下特点。

（1）集成 4 个控制系统　KR C4 控制器在机器人系统中首次以交互方式与 PLC、CNC 和安全控制系统无缝相连，可以通过行指令进行方便和灵活的机器人编程和新的样条运动编程，并且实现智能、灵活和可扩展的用途。

（2）High-End PLC 支持　High-End SoftPLC 可以实现全面访问控制系统的整个 I/O 系统并具有很高的运行时间性能。它可以实现机器人、整个机器人工作单元或机器人生产线的 I/O 处理。此外还可以通过功能模块读取和处理轴位、速度等变量。

（3）提高 CNC 加工性能　KRCH 控制系统可以通过 G 码对 KUKA 机器人进行直接编程和操作，同时可处理 CAD/CAM 系统中的程序，并通过 CNC 轨迹规划提供很高的精度。因此将机器人集成到现有 CNC 环境中的过程变得特别简单。借助上游 CAD/CAM 系统中多个与机器人相关的功能，机器人可以直接参与加工流程。

（4）完整集成的安全控制系统　KR C4 控制器将整个安全控制系统无缝集成到控制系统中，无须专属硬件。安全功能和安全通信通过基于以太网的协议实现。该安全方案使用多核技术，因此可实现安全应用所要求的双通道。

（5）全局兼容　该控制器在各种电源电压和电网制式下都能可靠工作，如极冷、极热或极潮的情况。它内置 25 种语言，包括中文，并且符合全球所有重要的 ISO 标准及美国标准。

3. FANUC R–30iB Mate 标准型控制器（图 3-38）

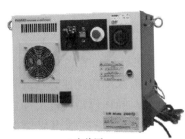

a) 实物图

尺寸(长×宽×高)	470mm×322mm×400mm
质量	40kg
额定输入电压	AC 200～230V，50/60Hz
防护等级	IP54
外部记录装置	USB
通信功能	Ethernet、FL–net、DeviceNet、PROFIBUS等

b) 主要性能参数

图 3-38　FANUC R–30iB Mate 标准型控制器

集中了 FANUC 科各种最先进技术的新一代机器人控制器——R–30iB Mate 具有以下特点。

（1）视觉功能　该控制器集成了视觉功能，将大量节约为实现柔性生产所需的周边设备成本。

（2）结构紧凑　FANUC 减小了控制器体积，为制造厂商节省车间空间，允许制造厂商为多机器人设备堆叠控制器。

（3）功能强大　基于 FANUC 自身软件平台研发的各种功能强大的点焊、涂胶、搬运等专用软件，在使机器人的操作变得更加简单的同时，也使系统具有彻底免疫计算机病毒的功能。它还提供了硬件和最先进的网络通信、iRVision 集成和运动控制功能。

（4）安全节能　该控制器与外部电源开关之间有较少的能源消耗；具有自动停机功能，用以减少休眠期间的功率转换；在机器人空闲时，制动控制功能通过自动制动电动机减少功率；ROBOGUIDE 功率优化功能为客户降低功率和节能。该控制器还有一个可选的节能设计，在制动期间可以恢复动能并返回至系统中，以便在接下来的周期内重新被使用。

4. YASKAWA DX200 控制器（图 3-39）

a) 实物图

尺寸(宽×厚×高)		600mm×520mm×930mm
质量		100kg以下
周围温度	通电时	0～45℃
	保管时	−10～60℃
相对湿度		最大90%(不结露)
电源规格		三相AC 380V，50Hz(±2%)
位置控制方式		串行编码器
扩展插槽		PCI：2个
控制方式		伺服软件
驱动单元		AC伺服用伺服包
颜色		5Y7/1

b) 主要性能参数

图 3-39　YASKAWA DX200 控制器

DX200 控制器是 YASKAWA 的新一代机器人控制器，附加安装包后，可最多控制 72 轴（8 台机器人），其离线编程软件 MotoSim 可用于生产工作站模拟，为机器人设定最佳位置还可执行离线编程，避免发生代价高昂的生产中断或延误。

DX200 控制器具有如下特点。

（1）强化安全技能　通过双 CPU 构成的安全功能模块进行位置监控，提升安全性；通过监视机器人和工具的位置，可控制机器人在最合适工具的范围内动作；在计算机器人的位置和速度时，如果超越限定范围，控制器会切断伺服电源，确保机器人停止动作。

（2）易用性强　可在示教器上，对 JOB 内的命令执行保护，如编辑或禁止编辑，并可轻松对 JOB 进行管理。

（3）节省空间　可在比机器人动作范围小的区域内设置安全围栏，大大地节省设备安装空间。在叠放 2 台控制器时，安装宽度可缩小约 30%。

3.3　示教器

3.3.1　基本组成

示教器也称为示教盒或示教编程器，主要由显示屏和操作按键组成，如图 3-40 所示，可由操作人员手持移动。

10. 示教器基本组成
与工作过程

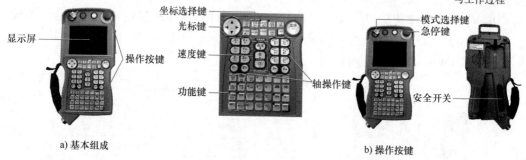

a) 基本组成

b) 操作按键

图 3-40　示教器

1. 显示屏

示教器的显示屏多为彩色触摸屏，能够显示图像、数字、字母和符号，并提供一系列图标来定义屏幕上的各种功能。

显示屏主要分为 4 个显示区域，即菜单显示区、通用显示区、状态显示区和人机对话显示区。

（1）菜单显示区　显示操作界面主菜单和子菜单。

（2）通用显示区　在该区内，可对作业程序、特性文件、各种设定进行显示和编辑。

（3）状态显示区　显示系统当前状态，如动作坐标系、机器人移动速度等。显示的信息根据控制器的模式（示教或再现）不同而改变。

（4）人机对话显示区   在机器人示教或自动运行过程中，显示功能图标、系统错误信息等。

2. 操作按键

示教器的操作按键主要包括急停键、安全开关、坐标选择键、轴操作键/Jog 键、速度键、光标键、功能键、模式选择键等，以上各键的功能描述见表3-6。

表 3-6   示教器操作按键功能描述

操作按键名称	功能描述
急停键	通过切断伺服电源立刻停止机器人和外部轴操作 一旦按下，保持紧急停止状态；顺时针方向旋转解除紧急停止状态
安全开关	在操作时确保操作人员的安全 只有安全开关被按到适中位置，伺服电源才能接通，机器人方可动作 一旦松开或按紧，切断伺服电源，机器人立即停止运动
坐标选择键	手动操作时，机器人的动作坐标选择键 可在关节坐标、基坐标、工具坐标和用户坐标中选择 此键每按一次，坐标系变化一次。
轴操作键 /Jog 键	对机器人各轴进行操作的键 只有按住轴操作键，机器人才可动作 可以按住两个或更多的键，操作多个轴同时动作
速度键	手动操作时，用这些键来调整机器人的运动速度
光标键	使用这些键在屏幕上按一定的方向移动光标
功能键	使用这些键可根据屏幕显示执行指定的功能和操作
模式选择键	选择机器人控制模式（示教模式、再现/自动模式、远程/遥控模式等）

安全开关又称为使能按钮，是机器人为保证操作人员人身安全而设置的，只有在被持续按下，且保持在"电动机开启"的状态，才可以对机器人进行手动操作与调试。当发生危险时，操作人员会本能地将安全开关松开或按紧，机器人则会立即停止，从而保证操作人员的安全。

安全开关有 3 种状态，即全松、半按和全按，其效果见表3-7。

表 3-7   安全开关的状态

状态	效果
全松	电动机下电
半按	电动机上电
全按	电动机下电

必须将安全开关按下一半才能起动电动机。在完全按下和完全松开时，将无法执行机器

人移动。

3.3.2　工作过程

在机器人控制系统中，示教器的工作过程如图 3-41 所示。机器人的所有操作基本上都可由示教器来实现。实际操作时，操作人员按下示教器上的操作按键或者单击显示屏上的虚拟按键时，示教器通过线缆向主控制模块发出相应的指令代码（S0）；此时，主控制模块中负责串口通信的通信子模块接收指令代码（S1）；然后由指令代码解释模块分析判断该指令代码，并进一步向运动控制模块发送与指令代码相对应的信息（S2），而运动控制模块将处理后的数据信息（S3）传送给驱动模块，使驱动模块完成该指令代码要求的具体功能（S4）；同时，为让操作人员时刻掌握机器人的运动位置和各种状态信息，主控制模块及时将状态信息（S5）经串口发送给示教器（S6），在液晶显示屏上显示，从而与操作人员沟通，完成数据的交换功能。可以说，示教器实质上就是一个专用的智能终端。

11. 示教器功能与
典型产品

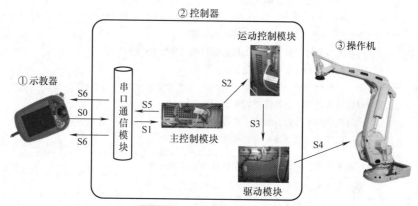

图 3-41　示教器的工作过程

3.3.3　功能

1. 基本功能

机器人的所有在线操作和自动运行基本都是通过示教器来完成的。示教器的基本功能如下。

（1）手动操纵机器人本体　在示教模式下，通过示教器上的轴操作键，可以实现手动操纵机器人各轴点动和连续移动。

（2）编写与修改程序　在示教器的通用显示区，可对作业程序进行显示、编辑和修改。

（3）运行与测试程序　在作业程序编辑完成后，在示教模式下，可实现该程序手动运行；当运行程序有错误时，示教器会自动报警，提示错误原因，操作人员根据原因进行相关修改。

（4）设置和查看系统信息　通过示教器可以设置、查看机器人状态信息，如速度、位置等。

（5）选择控制模式　可以选择机器人控制模式，如示教模式、再现/自动模式、远程/

遥控模式等。

（6）备份与恢复 对相关数据信息进行备份；在需要的时候也可恢复相关数据信息。

2. 示教再现

应用广泛的第一代机器人的基本工作原理是示教再现，如图3-42所示，而示教器主要作用就是实现机器人的示教再现操作。

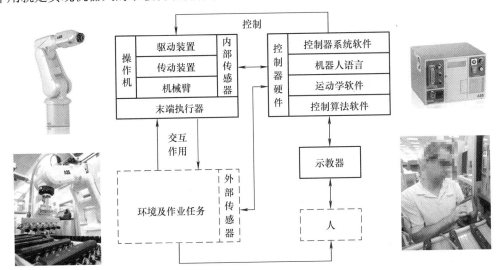

图3-42 第一代机器人的基本工作原理

操作人员通过示教器将机器人作业任务中要求的机械臂运动预先示教给机器人，而控制系统将关节运动的状态参数存储在存储器中；当需要机器人工作时，机器人的控制系统就调用存储器中存储的各项数据，驱动关节运动，使机器人再现示教过的机械臂运动，从而完成要求的作业任务。

（1）示教 示教也称为引导，即由操作人员直接或间接引导机器人，一步步按实际要求操作一遍，机器人在示教过程中自动记忆示教的每个动作的位置、姿态、运动参数等，并自动生成一个连续执行全部操作的程序，并存储在机器人控制系统内。

在线示教是机器人目前普遍采用的示教方式。

典型的示教过程是依靠操作人员观察机器人及其末端执行器相对于作业对象的位姿，通过示教器对机器人各轴的相关操作，反复调整程序点处机器人的作业位姿、运动参数和工艺条件，然后将满足作业要求的这些数据记录下来，再转入下一程序点的示教。为示教方便以及获取信息的快捷、准确，操作人员可以选择在不同坐标系下手动操纵机器人。

采用在线示教进行机器人作业任务编制具有如下的特点。

1）利用机器人具有较高的重复定位精度的优点，降低了系统误差对机器人运动绝对精度的影响，这是目前机器人普遍采用在线示教的主要原因。

2）要求操作人员具有相当的专业知识和熟练的操作技能，并需要现场近距离示教操作，因而具有一定的危险性，尤其是在有毒粉尘、辐射等环境下工作的机器人，这种编程方式会危害操作人员的健康。

3）示教过程烦琐、费时，需要根据作业任务反复调整末端执行器的位姿，占用了大量的工作时间，时效性较差。

4）机器人在线示教的精度完全靠操作人员的经验决定，对于复杂运动轨迹示教效果较差。

5）出于安全考虑，有时候进行机器人示教时要关闭与外围设备联系的一些功能，这样就无法满足需要根据外部信息实施决策的应用。

6）在柔性制造系统中，在线示教无法与 CAD 数据库相连接，不易实现工业应用中的 CAD/CAM/Robotics 一体化。

综上所述，采用在线示教的方式可完成一些应用于大批量生产、作业任务相对简单且不变化的机器人作业任务编制。

（2）再现　整个在线示教过程完成后，通过选择示教器上的再现/自动模式，给机器人一个起动命令，机器人控制器就会从存储器中，逐点取出各示教点空间位姿坐标值，通过对其进行插补运算，生成相应路径规划，然后把各插补点的位姿坐标值通过运动学逆解运算转换成关节角度值，分送机器人各关节或关节控制器，使机器人在一定精度范围内按照程序完成示教的动作和赋予的作业内容，实现再现（自动运行）过程。

3.3.4　典型产品

由于机器人生产厂商较多，对应的机器人示教器也不尽相同，如图 3-43 所示。

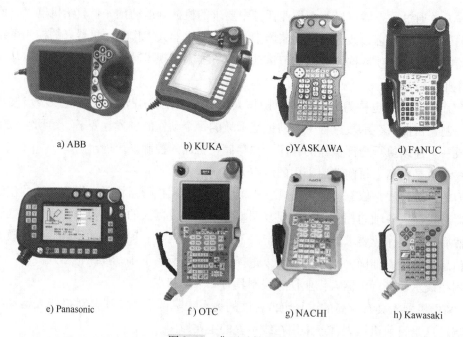

a) ABB　　　　b) KUKA　　　c)YASKAWA　　　d) FANUC

e) Panasonic　　　f) OTC　　　g) NACHI　　　h) Kawasaki

图 3-43　典型示教器产品

1. 手持方式

不同机器人生产厂商的示教器手持方式有所不同，见表 3-8。

表 3-8　示教器手持方式

手持方式	适用范围
	ABB 机器人
	KUKA 机器人

	FANUC、YASKAWA、OTC、NACHI、Kawasaki 机器人等
	优傲机器人

2. 外形

欧系（如 ABB、KUKA）的示教器与日系的示教器有明显差距，但大部分日系之间的示教器外形都比较相似，如图 3-43c、d、f、g、h 所示。表 3-9 列出了示教器轴操作键的操作方式。

表 3-9　示教器轴操作键的操作方式

典型产品	轴操作键的操作方式
ABB	摇杆式
KUKA	按键式和摇杆式
YASKAWA	按键式
FANUC	按键式
Panasonic	按键式和拨动式
OTC	按键式
NACHI	按键式
Kawasaki	按键式

3.4　辅助系统

工业机器人系统要完成某项作业任务，除了操作机、控制器和示教器之外，还需要相应辅助系统的配合。

一般工业机器人的辅助系统可分为两大部分，即作业系统和周边设备，如图 3-44 所示。

12. 辅助系统

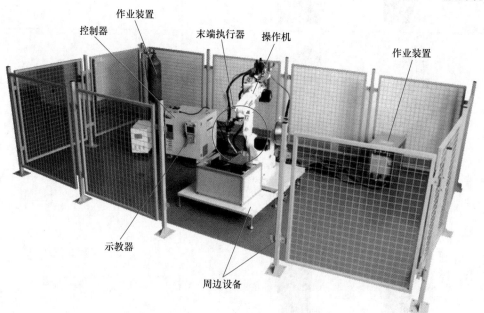

图 3-44　弧焊机器人的系统组成

作业系统通常是一整套的作业装置，能够按要求完成对应的作业任务。不同的作业任务，相应的作业系统就会不同。作业系统是从工业机器人实现的功能上划分的，通常有末端执行器和与末端执行器配套的作业装置。例如：图3-44中的弧焊机器人要想完成焊接任务，末端执行器就是焊枪，而配套的作业装置就包括气瓶、焊接电源等焊接专用装置；如果配合视觉系统，机器人则可以进行动态检测和跟踪焊缝的位置和方向。

周边设备包括安全保护装置、输送装置、滑移平台等。

3.4.1　作业系统

常见的作业系统有搬运系统、焊接系统、装配系统、码垛系统、涂装系统、打磨系统、激光雕刻系统等。

作业系统通常由末端执行器和与其配套的作业装置两大部分组成。

1. 末端执行器

末端执行器是安装在机器人手腕上（一般装在连接法兰上）用来完成规定操作或作业的附加装置。机器人末端执行器的种类有很多，用以适应不同的场合。

末端执行器按照其使用用途主要分为两大类，即搬运型和加工型。

搬运型末端执行器是各种夹持装置，通过抓取或吸附来搬运物体；加工型末端执行器是带有某种作业的专用工具，如喷枪、焊枪、砂轮、铣刀等加工工具，用来进行相关的加工作业。

（1）搬运型末端执行器　目前工业机器人广泛采用的搬运型末端执行器有吸附式和夹持式。

1）吸附式末端执行器。吸附式末端执行器是靠吸附力取料，根据吸附原理的不同分为气吸附和磁吸附。其中广泛采用的是气吸附式末端执行器。

气吸附主要是利用吸盘内压力和大气压之间的压力差进行工作的，根据压力差的形成方法分为真空吸盘吸附、气流负压吸附、挤压排气吸附。

① 真空吸盘吸附。吸盘吸力在理论上取决于吸盘与工件表面的接触面积和吸盘内、外压差，但实际上其与工件表面状态有十分密切的关系，工件表面状态影响负压的泄漏。采用真空泵能保证吸盘内持续产生负压，所以这种吸盘比其他形式吸盘的吸力大。

真空吸盘吸附的基本结构如图3-45所示，主要零件为橡胶吸盘，通过固定环安装在支承杆上，支承杆由螺母固定在基板上。工作时，橡胶吸盘与工件表面接触，橡胶吸盘的边缘起密封和缓冲作用，真空发生装置将橡胶吸盘与工件之间的空气吸走使其达到真空状态，此时橡胶吸盘内的大气压小于橡胶吸盘外大气压，工件在外部压力的作用下被抓取。放料时，管路接通大气，失去真空，工件放下。为了避免在取料时产生撞击，有时还在支承杆

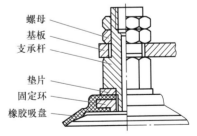

图3-45　真空吸盘吸附的基本结构

上配有弹簧缓冲；为了更好地适应工件吸附面的倾斜状况，有时橡胶吸盘背面设计有球铰链。

② 气流负压吸附。气流负压吸附的基本结构如图3-46所示，压缩空气进入喷嘴后，利

用伯努利效应使橡胶吸盘内产生负压。取料时压缩空气高速流经喷嘴，其出口处的气压低于橡胶吸盘腔内的气压，于是橡胶吸盘内的气体被高速气流带走而形成负压，完成取料动作。放料时切断压缩空气即可。工厂一般都有空压机站或空压机，比较容易获得，不需要专为机器人配置真空泵。

③ 挤压排气吸附。挤压排气吸附的基本结构如图3-47所示。它的工作原理为：取料时手腕先向下，橡胶吸盘压向工件发生形变，将橡胶吸盘内的空气挤出；之后，手腕向上提升，压力去除，橡胶吸盘恢复弹性变形使橡胶吸盘内腔形成负压，将工件牢牢吸住，机械臂即可进行工件搬运。达到目标位置后要释放工件时，移动拉杆，使橡胶吸盘腔与大气连通而破坏橡胶吸盘腔内的负压，释放工件。

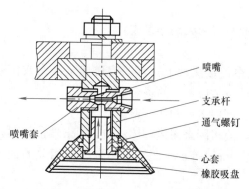

图3-46　气流负压吸附的基本结构

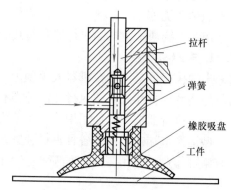

图3-47　挤压排气吸附的基本结构

吸盘类型繁多，一般分为普通型和特殊型两种。普通型吸盘包括平型、平型带肋、深型、风琴型和椭圆型等，如图3-48所示；特殊型吸盘是为了满足特殊应用场合而设计使用的，通常可分为专用型吸盘和异型吸盘。特殊型吸盘结构形状因吸附对象的不同而不同。

a) 平型　　　　b) 平型带肋　　　　c) 深型　　　　d) 风琴型　　　　e) 椭圆型

图3-48　吸盘类型

吸盘的结构对吸附能力有很大影响，材料也对吸附能力影响较大。目前吸盘常用的材料多为丁腈橡胶（NBR）、硅橡胶、聚氨酯橡胶和氟化橡胶（FKM），除此之外还有导电性丁腈橡胶和导电性硅橡胶。

不同结构和材料的吸盘以及多吸盘组合（图3-49）被广泛应用于汽车覆盖件、玻璃板件、金属板材的切割及上下料等场合，适合抓取表面相对光滑、平整、坚硬及微小材料，或搬运体积大、重量轻的工件。气吸附式末端执行器具有结构简单、重量轻、使用方便可靠等优点，另外对工件表面无损伤且对被吸持工件预定的位置精度要求不高。

2）夹持式末端执行器。夹持式末端执行器常见形式有夹钳式、夹板式、抓取式。

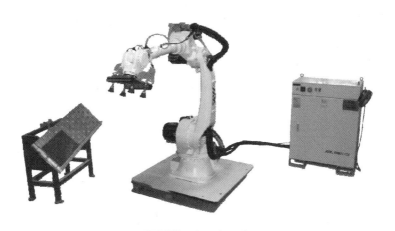

图 3-49 多吸盘组合

① 夹钳式。夹钳式末端执行器是工业机器人最常用的一种搬运型末端执行器。夹钳式通常采用手爪拾取工件，手爪与人手指相似，通过手爪的开启闭合实现对工件的夹取。它多用于负载重、高温、表面质量不高等吸附式无法进行工作的场合。

夹钳式末端执行器的基本结构有手爪、驱动机构、传动机构、连接和支承元件，如图 3-50 所示。

手爪是与工件直接相接触的部件，其形状将直接影响抓取工件的效果，多数情况下只需两个手爪配合就可以完成一般的工件抓取，而对于复杂工件可以选择三爪或多爪进行抓取。

常见手爪分为 V 型爪、平面型爪、尖型爪，如图 3-51 所示。

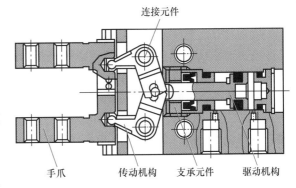

图 3-50 夹钳式末端执行器的基本结构

V 型爪常用于夹持圆柱形工件或者工件含有圆柱形表面，其夹持稳固可靠，误差相对较小，如图 3-51a 所示；平面型爪多数用于夹持方形工件或者至少有两个平行面的工件，厚板形或短小棒料等，如图 3-51b 所示；尖型爪常用于夹持复杂场合小型工件，避免与周围障碍物相碰撞，也可夹持炽热工件，避免搬运机器人本体受到热损伤，如图 3-51c 所示。

a) V 型爪

b) 平面型爪

c) 尖型爪

图 3-51 手爪分类

根据被抓取工件形状、大小及抓取部位不同，常用爪面形式有平滑爪面、齿形爪面和柔性爪面。

平滑爪面的指爪表面光滑平整，多数用来夹持已加工好的工件表面，保证加工表面无损伤；齿形爪面的指爪表面刻有齿纹，主要目的是增加与夹持工件的摩擦力，确保夹持稳固可靠，常用于夹持表面；柔性爪面内镶有橡胶、泡沫、石棉等物质，起到增加摩擦、保护已加工工件表面、隔热等作用，多用于夹持已加工工件、炽热工件、脆性或薄壁工件等。

② 夹板式。夹板式末端执行器是码垛过程中最常用的一类末端执行器，有单板式和双板式等形式，如图 3-52 所示。

a) 单板式　　　　　　　　　　　　　　b) 双板式

图 3-52　夹板式末端执行器

夹板式末端执行器主要用于整箱或规则盒码垛，其夹持力度比吸附式大，且两侧板光滑不会损伤码垛产品外观质量。单板式与双板式的侧板一般都会有可旋转爪钩，需要单独机构控制，工作状态下爪钩与侧板成 90°，起到撑托工件防止其在高速运动中脱落的作用。

③ 抓取式。抓取式末端执行器可灵活适应不同的形状和内含物（如水泥、化肥、塑料、大米等）料袋的码垛，如图 3-53 所示。

组合式末端执行器是通过将吸附式和夹持式组合以获得各单组优势的一种执行器，灵活性较大，各单组手爪之间既可单独使用又可配合使用，可同时满足多个工位的码垛，如图 3-54 所示。

图 3-53　抓取式末端执行器　　　　　　　　图 3-54　组合式末端执行器

（2）加工型末端执行器　加工型末端执行器属于专用工具，用来完成特定的作业，常见的有焊枪、打磨动力头、喷枪、铣刀、砂轮等加工工具，如图 3-55 所示。

2. 配套的作业装置

每一种末端执行器都有与其相配套的作业装置，使末端执行器能够实现相应的作业功能。例如：气动手爪要想完成搬运功能，首先要夹持工件，这就需要相配套的气体发生装置和真空发生装置以提供气源，推动气缸中的活塞进行夹取工件；图 3-55a 所示的焊枪要想完

a) 焊枪

b) 打磨动力头

c) 喷枪

图 3-55　加工型末端执行器

成焊接任务，则需要有配套的气瓶、焊接电源、送丝机等焊接专用作业装置，而配合上视觉系统，则能使焊接机器人以智能和灵活的方式对焊接环境的变化做出实时反应。

本节仅介绍作业装置中常用的一种吸盘破真空回路。真空吸盘吸附和释放工件需要气动回路才能完成，图 3-56 所示为一种吸盘破真空回路，其中核心部件是供给阀和破坏阀。

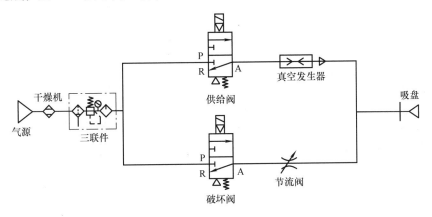

图 3-56　一种吸盘破真空回路

回路中供给阀和破坏阀采用的是二位三通电磁阀（实际运用中是按照供气要求决定的，可采用其他电磁阀，如二位五通电磁阀等）。气动元件如图 3-57 所示。气源三联件包括空气过滤器、减压阀和油雾器。

a) 二位三通电磁阀

b) 节流阀

图 3-57　气动元件

由空气压缩机压缩后的空气，经过干燥、过滤、稳压处理到达供给阀和破坏阀，常态下两阀都处于闭合不连通状态，即 R 通口与 A 通口相连通；在吸附工件阶段，供给阀的电磁得电，阀芯移动，使 P 通口与 A 通口相连通，处于供气状态，空气从 A 通口到达真空发生器，致使吸盘产生负压吸附工件（吸附工件有两种方式：一种是接触工件吸附，速度偏慢；另一种是靠近工件吸附，速度较快）；释放工件阶段，供给阀的电磁失电，使 P 通口与 A 通口断开，R 通口与 A 通口相连通，供气不起作用，同时破坏阀电磁得电，阀芯移动，使破坏阀的 P 通口与 A 通口相连通，空气经节流阀节流调速，使得吸盘能以一定的速度稳定释放工件。

在释放工件时，如果没有破坏阀，工件会短时间黏滞在吸盘上，不会立刻释放，破坏阀的作用是使工件能够及时被释放。

3.4.2　周边设备

一个完整的工业机器人系统，除了操作机、控制器、示教器和作业系统外，剩下的都属于周边设备，包括安全保护装置、输送装置、滑移平台、工件摆放装置等，如图 3-58 所示。当然不同的末端执行器对应的周边设备有所区别。

a) 安全保护装置

b) 输送装置

图 3-58　周边设备

思 考 题

1. 工业机器人的基本组成包括哪几部分？
2. 工业机器人的操作机主要由哪几部分组成？
3. 6 轴垂直多关节机器人的机械臂主要包括哪几部分？
4. 四大家族对 6 轴垂直多关节机器人本体轴的命名相同吗？有什么区别？
5. 并联机器人 DELTA 的机械臂是由哪几部分组成？
6. 说明交流伺服电动机的工作原理。
7. 用于关节型机器人的减速器主要有哪几类？各自特点是什么？
8. 分别说明绝对式和增量式光电编码器的工作原理。
9. 工业机器人控制器由哪几部分组成？
10. 工业机器人控制器的基本功能有哪些？
11. 简述工业机器人控制器的工作过程。

12. 示教器主要由哪几部分组成?

13. 简述示教器的工作过程。

14. 示教器的基本功能有哪些?

15. 示教器如何实现在线示教?

16. 工业机器人的辅助系统包括哪几部分?

17. 什么是末端执行器? 其作用是什么?

18. 按照使用用途, 工业机器人的末端执行器分哪几类?

19. 常见的搬运型末端执行器有哪几种?

20. 根据压力差的形成方法, 气吸附有哪几种方式?

21. 简述真空吸盘吸附的工作原理。

22. 普通型吸盘包括哪几类?

23. 夹持式末端执行器常见形式分为哪几种?

24. 简述破真空回路的工作原理。

25. 破真空回路为什么要使用破坏阀?

第4章

Chapter

工业机器人运动原理

机械臂是机器人系统机械运动部分，其执行机构是用来保证复杂空间运动的综合刚体。机器人工作时由控制器指挥，根据机器人及执行机构的末端位姿实时计算各关节参数并规划位姿序列数据，通过空间位姿变换，运用运动学算法计算出最终的关节参数序列来控制机器人按照加工轨迹运动。

研究机器人的运动，不仅涉及机器人本体自身，而且涉及各物体间以及物体与机器人的关系、机器人的运动特性，考虑到引起机器人运动的力或力矩的作用及影响，还需要讨论机器人的动力学问题。

本章从机器人运动所涉及的数学基础、运动方程、运动原理出发，分别介绍如下三类基本问题，从而描述机器人的位移、速度、加速度以及动力学问题之间的相互关系。

1. 空间位姿变换

为了描述机器人的操作，必须建立机器人各连杆间以及机器人与周围环境间的空间位姿变换方程，主要包括空间任意点的位置和姿态表示、坐标变换等。

2. 运动方程的表示及求解

运动方程的表示属于正向运动学问题，即利用机器人关节的几何参数和关节变量，通过空间位姿变换，建立机器人末端执行器相对于参考坐标系的位置和姿态；运动方程的求解属于逆向运动学问题，即根据机器人末端执行器相对于参考坐标系的期望位姿，计算机器人各关节的几何参数和关节变量。

3. 动态数学模型的建立及求解

动态数学模型的建立需要采用运动学基本理论（牛顿－欧拉方程或拉格朗日方程）分析加速度与各作用力之间的数学关系；动态数学模型的求解即计算机械臂运动轨迹与各关节作用力或力矩之间的相互关系。

4.1 数理基础

机器人运动学研究通常涉及多物体之间空间位置与姿态的关系，如机械臂、工具和工件等。为了确定各物体之间的位置与姿态，需要建立与之固连的坐标系，以齐次坐标为基础，将机器人运动、位姿变换、映射与矩阵运动联系起来，进而确定各物体之间的位置与姿态的关系。

本书首先从两个坐标系之间的位置和姿态分析入手，之后再推演到多坐标系之间的位置与姿态关系。

13. 数理基础

4.1.1 位姿

矩阵可用来表示点、矢量、坐标系，平移、旋转以及变换，还可以表示坐标系中的物体和其他运动元件。机器人各关节变量空间、末端执行器位姿等都是以矩阵为基础用位置矢量、平面和坐标系等概念来描述的。

1. 空间点描述

在直角坐标系 $\{A\}$ 中，空间任意一点 p（图4-1）均可以用它在直角坐标系 $\{A\}$ 中的 3 个坐标分量来表示，即

$$p = p_x \boldsymbol{i} + p_y \boldsymbol{j} + p_z \boldsymbol{k} \tag{4-1}$$

式中，p_x、p_y、p_z 是点 p 在坐标系 $\{A\}$ 中的三个坐标分量。

2. 空间矢量描述

空间中既有大小又有方向的量称为空间矢量。空间矢量包括起始点和终止点，方向由起始点指向终止点。若记起始点为 m，终止点为 n，则在直角坐标系 $\{A\}$ 中，矢量 $\overrightarrow{mn}$ 可表示为

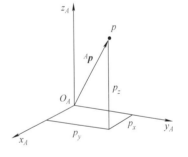

图4-1 空间点描述

$$\overrightarrow{mn} = (n_x - m_x)\boldsymbol{i} + (n_y - m_y)\boldsymbol{j} + (n_z - m_z)\boldsymbol{k} \tag{4-2}$$

式中，m_x、m_y、m_z 是点 m 在坐标系 $\{A\}$ 中的三个坐标分量；n_x、n_y、n_z 是点 n 在坐标系 $\{A\}$ 中的三个坐标分量。

如果将空间矢量的起始点平移到直角坐标系 $\{A\}$ 的原点位置，将终止点位置记为 p，则该空间矢量可表示为

$$\boldsymbol{p} = p_x \boldsymbol{i} + p_y \boldsymbol{j} + p_z \boldsymbol{k} \tag{4-3}$$

式中，p_x、p_y、p_z 是该矢量在坐标系 $\{A\}$ 中的三个分量。

3. 位置描述

刚体在空间中的描述需要在它上面固连一个坐标系，由于刚体相对于这个坐标系的位置和姿态是已知的，因此，只要将刚体上固连的坐标系在参考坐标系 $\{A\}$ 中表示出来，就能确定刚体在空间中的位置和姿态。

如图4-2所示，在刚体上固连一个坐标系 $\{B\}$，则该坐标系原点 O_B 在坐标系 $\{A\}$ 中

的位置可以通过 3×1 的列矢量 ${}^A\boldsymbol{O}_B$ 来表示，即

$$
{}^A\boldsymbol{O}_B = \begin{bmatrix} O_x \\ O_y \\ O_z \end{bmatrix} \tag{4-4}
$$

式中，O_x、O_y、O_z 是点 O_B 在坐标系 $\{A\}$ 中沿着 x，y，z 轴的三个坐标分量。

${}^A\boldsymbol{O}_B$ 的上标 A 代表参考坐标系 $\{A\}$，${}^A\boldsymbol{O}_B$ 被称为位置矢量。

4. 姿态描述

研究空间中一个刚体的运动，不仅要表示其在空间的位置，还要表示出其在空间中的姿态。刚体的姿态可以通过其固连的坐标系在参考坐标系 $\{A\}$ 中来描述。

为了表示任意一个空间坐标系 $\{B\}$ 在参考坐标系 $\{A\}$ 中的姿态，先将坐标系 $\{B\}$ 的原点移动到参考坐标系 $\{A\}$ 的原点，即两个坐标系原点重合，但坐标系 $\{B\}$ 的方向保持不变，如图 4-3 所示。记 $\boldsymbol{i}$、$\boldsymbol{j}$、$\boldsymbol{k}$ 为坐标系 $\{A\}$ 中的三个单位方向矢量，$\boldsymbol{n}$、$\boldsymbol{o}$、$\boldsymbol{a}$ 为坐标系 $\{B\}$ 中的三个单位方向矢量，由空间矢量表示方法可知

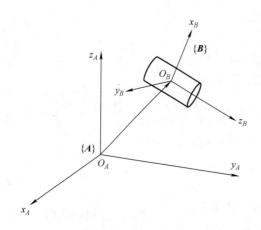

图 4-2　位置描述

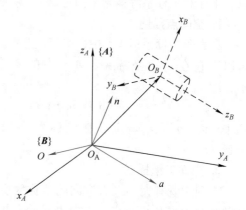

图 4-3　姿态描述

$$
\boldsymbol{n} = n_x\boldsymbol{i} + n_y\boldsymbol{j} + n_z\boldsymbol{k} = \begin{bmatrix} n_x & n_y & n_z \end{bmatrix}^T
$$

$$
\boldsymbol{o} = o_x\boldsymbol{i} + o_y\boldsymbol{j} + o_z\boldsymbol{k} = \begin{bmatrix} o_x & o_y & o_z \end{bmatrix}^T
$$

$$
\boldsymbol{a} = a_x\boldsymbol{i} + a_y\boldsymbol{j} + a_z\boldsymbol{k} = \begin{bmatrix} a_x & a_y & a_z \end{bmatrix}^T
$$

式中，n_x、n_y、n_z 是矢量 $\boldsymbol{n}$ 在坐标系 $\{A\}$ 中的三个分量；o_x、o_y、o_z 是矢量 $\boldsymbol{o}$ 在坐标系 $\{A\}$ 中的三个分量；a_x、a_y、a_z 是矢量 $\boldsymbol{a}$ 在坐标系 $\{A\}$ 中的三个分量。

因此，空间坐标系 $\{B\}$ 在参考坐标系 $\{A\}$ 中的姿态可表示为

$$
\boldsymbol{F}_0 = (\boldsymbol{n} \quad \boldsymbol{o} \quad \boldsymbol{a}) = \begin{bmatrix} n_x & o_x & a_x \\ n_y & o_y & a_y \\ n_z & o_z & a_z \end{bmatrix} \tag{4-5}
$$

5. 位姿描述

在机械臂的运动学研究中，主要目的是获取操作臂连杆、工具和工件等各个部件在空间中的位置和姿态，通常利用一个固定在移动部件上的坐标系来确定该部件的姿态。

机械臂中的各个部件可以看作是三维空间中的刚体，在三维笛卡尔坐标系中的刚体运动包括平移和旋转。刚体的平移可用其固连坐标系的原点位置来表述，即得到空间中一个刚体的位置。刚体的旋转可用其固连坐标系的旋转矩阵来表述，即得到空间中一个刚体的方位或姿态。

假设刚体上固连一个空间直角坐标系 $\{B\}$，其原点为 p，如图4-4所示。则点 p 在参考坐标系 $\{A\}$ 中的位置矢量为

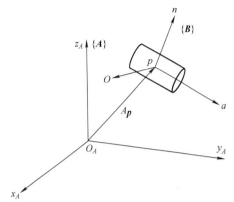

图4-4　位姿描述

$$^A\boldsymbol{p} = \begin{bmatrix} p_x \\ p_y \\ p_z \end{bmatrix} \tag{4-6}$$

刚体上任意一点 q 在参考坐标系 $\{A\}$、固连坐标系 $\{B\}$ 中分别可表示为

$$^A\boldsymbol{q} = \begin{bmatrix} q_x \\ q_y \\ q_z \end{bmatrix} \tag{4-7}$$

$$^B\boldsymbol{q} = \begin{bmatrix} q'_x \\ q'_y \\ q'_z \end{bmatrix} \tag{4-8}$$

由几何关系可知

$$^A\boldsymbol{q} = {}^A_B\boldsymbol{R}\,{}^B\boldsymbol{q} + {}^A\boldsymbol{p}$$

式中，$^A_B\boldsymbol{R}$ 为坐标系 $\{B\}$ 相对于参考坐标系 $\{A\}$ 的旋转变换矩阵。

为了方便后续的坐标变换和运算，可以将上式修改为齐次坐标形式，即

$$\begin{bmatrix} ^A\boldsymbol{q} \\ 1 \end{bmatrix} = \begin{bmatrix} ^A_B\boldsymbol{R} & ^A\boldsymbol{p} \\ \boldsymbol{0} & 1 \end{bmatrix} \begin{bmatrix} ^B\boldsymbol{q} \\ 1 \end{bmatrix} \tag{4-9}$$

因此坐标系 $\{B\}$ 相对于参考坐标系 $\{A\}$ 的位姿可以由三个表示方向的单位矢量和第四个位置矢量来表示，即

$$F = \begin{bmatrix} n_x & o_x & a_x & p_x \\ n_y & o_y & a_y & p_y \\ n_z & o_z & a_z & p_z \\ 0 & 0 & 0 & 1 \end{bmatrix} \tag{4-10}$$

4.1.2　平移坐标变换

平移坐标变换是一坐标系（或物体）在空间以不变的姿态运动。此时它的方向单位矢量保持同一方向不变，只是坐标系原点相对参考坐标系发生变化，如图 4-5 所示。

坐标系 $\{B'\}$ 可用原来坐标系 $\{B\}$ 的原点位置矢量加上位移矢量 d 求得，即通过坐标系 $\{B\}$ 左乘平移变换矩阵 T 得到。平移变换矩阵 T 可表示为

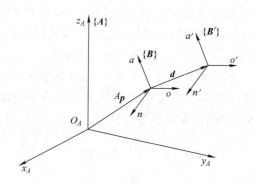

图 4-5　平移坐标变换

$$T = \begin{bmatrix} 1 & 0 & 0 & d_x \\ 0 & 1 & 0 & d_y \\ 0 & 0 & 1 & d_z \\ 0 & 0 & 0 & 1 \end{bmatrix} \tag{4-11}$$

式中，d_x、d_y 和 d_z 是平移矢量 d 相对于参考坐标系三个分量。

则坐标系 $\{B'\}$ 的位置表示为

$$F' = \begin{bmatrix} 1 & 0 & 0 & d_x \\ 0 & 1 & 0 & d_y \\ 0 & 0 & 1 & d_z \\ 0 & 0 & 0 & 1 \end{bmatrix} \begin{bmatrix} n_x & o_x & a_x & p_x \\ n_y & o_y & a_y & p_y \\ n_z & o_z & a_z & p_z \\ 0 & 0 & 0 & 1 \end{bmatrix} = \begin{bmatrix} n_x & o_x & a_x & p_x + d_x \\ n_y & o_y & a_y & p_y + d_y \\ n_z & o_z & a_z & p_z + d_z \\ 0 & 0 & 0 & 1 \end{bmatrix}$$

$$= \mathrm{Trans}(d_x, d_y, d_z) \times F \tag{4-12}$$

4.1.3　旋转坐标变换

旋转坐标变换是一坐标系（或物体）在空间只改变姿态的运动。此时它的坐标系原点相对参考坐标系不变化，只是方向单位矢量发生改变，如图 4-6 所示。坐标系 $\{B'\}$ 的原点还是原来坐标系 $\{B\}$ 的原点，只是绕坐标系 $\{B\}$ 的坐标轴旋转一个角度 θ。绕 x、y 和 z 轴旋转的变换矩阵 Rot 分别表示为

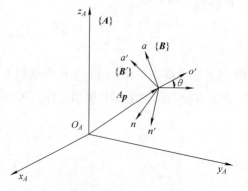

图 4-6　旋转坐标变换

$$\text{Rot}(x,\theta) = \begin{bmatrix} 1 & 0 & 0 & 0 \\ 0 & c\theta & -s\theta & 0 \\ 0 & s\theta & c\theta & 0 \\ 0 & 0 & 0 & 1 \end{bmatrix}$$ (4-13)

$$\text{Rot}(y,\theta) = \begin{bmatrix} c\theta & 0 & s\theta & 0 \\ 0 & 1 & 0 & 0 \\ -s\theta & 0 & c\theta & 0 \\ 0 & 0 & 0 & 1 \end{bmatrix}$$ (4-14)

$$\text{Rot}(z,\theta) = \begin{bmatrix} c\theta & -s\theta & 0 & 0 \\ s\theta & c\theta & 0 & 0 \\ 0 & 0 & 1 & 0 \\ 0 & 0 & 0 & 1 \end{bmatrix}$$ (4-15)

式中，$c\theta$ 表示 $\cos\theta$；$s\theta$ 表示 $\sin\theta$；如果角度 θ 是绕坐标轴逆时针旋转得到的规定为正值，顺时针旋转得到的规定为负值。

绕坐标系 $\{B\}$ 的 x、y 和 z 轴旋转 θ 角度的坐标系 $\{B'\}$ 位置分别表示为

$$F' = \text{Rot}(x,\theta) \times F \quad F' = \text{Rot}(y,\theta) \times F \quad F' = \text{Rot}(z,\theta) \times F$$

4.2 运动学

4.2.1 运动学基本问题

机器人运动学是从几何或机构的角度描述和研究机器人的运动特性，而不考虑引起这些运动的力或力矩的作用，这其中有两个基本问题。

1. 正向运动学

对一给定的机器人操作机，已知各关节角矢量，求末端执行器相对于参考坐标系的位姿，称为正向运动学（运动学正解），如图4-7a 所示。机器人示教时，机器人控制器即逐点进行运动学正解计算。

2. 逆向运动学

对一给定的机器人操作机，已知末端执行器在参考坐标系中的初始位姿和目标（期望）位姿，求各关节角矢量，称为逆向运动学（运动学逆解），如图4-7b 所示。机器人再现时，机器人控制器即逐点进行运动学逆解运算，并将角矢量分解到操作机各关节。

4.2.2 机器人运动方程

一个机械臂通常是由几个单自由度的关节（移动关节或者旋转关节）和连杆相连接组合而成的，如图4-8 所示。为了控制末端执行器相对于基座的运动，需要知道附加在末端执行器和基座上的坐标系之间的关系。通常在机器人的每个连杆上都固定一个坐标系，然后通

14. 运动学基本问题、
机器人运动方程

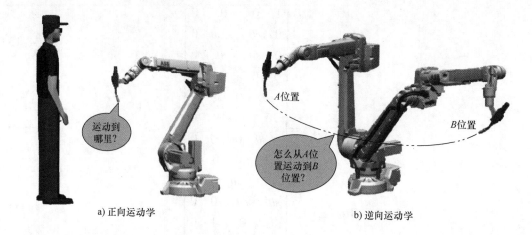

a) 正向运动学　　　　b) 逆向运动学

图4-7　运动学基本问题

过矩阵的依次变换最终推导出末端执行器相对于基坐标系的位姿，从而建立机器人的运动方程。

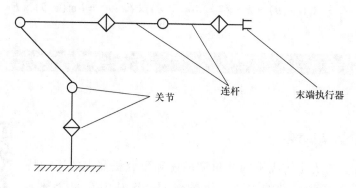

图4-8　关节运动链

在关节位置分析的正向运动学中，最常用的方法是 D－H 参数模型法。D－H 参数全称为 Denavit－Hartenberg 参数，是由 Denavit 和 Hartenberg 在 1955 年提出的用来对机器人连杆和关节进行建模的一种通用方法。这种方法在机器人的每个连杆上都固定一个坐标系，然后用 4×4 的齐次变换矩阵来描述相邻两连杆的空间关系，通过依次变换可最终推导出末端执行器相对于基坐标系的位姿，从而建立机器人的运动方程。它可用于任何机器人构型，也可表示在任何坐标中的变换，而不管机器人的结构顺序和复杂程度如何。

机器人运动方程表达的是机器人各关节变量空间和末端执行器位姿之间的关系。下面以 D－H 表示法为例说明机器人运动方程的建立方法。

1. D－H 连杆模型

机器人机械臂可以看成一个开链式多连杆机构，连杆机构的关节可以是滑动的或转动的，它们按照一定的顺序放置在空间中。建立机器人的 D－H 连杆模型即对每一个连杆建立一个坐标系并进行编号：将机器人基座记为连杆 0，第一个可动连杆记为连杆 1，依此类推，最末端的连杆记为连杆 n；将连杆 $i-1$ 与连杆 i 之间的关节记为关节 $i(i=1,2,\cdots,n)$；将基座的坐标系设为参考坐标系 $\{x_0, y_0, z_0\}$，关节 1 的坐标系为 $\{x_1, y_1, z_1\}$，依此类推，末端连杆 n 的坐标系为 $\{x_n, y_n, z_n\}$，如图 4-9 所示。

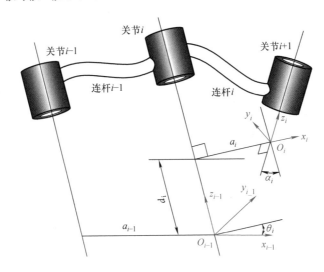

图 4-9　广义连杆结构图

坐标系 $\{x_i, y_i, z_i\}$ 的 z_i 轴是关节轴线，对于旋转关节，z_i 轴是沿旋转轴线的方向，而对于移动关节，z_i 轴是沿直线运动的方向。

坐标系 $\{x_i, y_i, z_i\}$ 的 x_i 轴是定义在 z_{i-1} 轴与 z_i 轴的公垂线方向上。

坐标系 $\{x_i, y_i, z_i\}$ 的 y_i 轴是根据右手规则确定的。

在建立机器人连杆坐标系时，首先在每一个连杆 i 的起始关节 i 上建立坐标轴 z_{i-1}，z_{i-1} 轴正方向在两个方向上任选其一，但所有 z 轴要保持一致，通常选取向上为 z_{i-1} 轴正方向；x_i 轴正方向一般定义为由 z_{i-1} 轴沿公垂线指向 z_i 轴。

2. D-H 参数

机器人机械臂可以看成由一系列连接在一起的连杆组成。用参数 a_i 和 α_i 来描述一个连杆，另外两个参数 d_i 和 θ_i 来描述相邻两连杆之间的关系，如图 4-9 所示。将 a_i、α_i、d_i 和 θ_i 四个参数统称为 D-H 参数，通常制成表格形式。

D-H 参数意义如下。

（1）连杆长度 a_i　关节 i 轴线与关节 $i+1$ 轴线之间的最短距离，即 z_{i-1} 轴与 z_i 轴的公垂线长度。

（2）连杆扭角 α_i　关节 i 轴线与关节 $i+1$ 轴线的空间夹角，即 z_{i-1} 轴与 z_i 轴之间的夹角。

（3）连杆偏距 d_i　两相邻公垂线之间的相对位置，即公垂线 a_{i-1} 与 a_i 在 z_{i-1} 轴方向上的偏移距离。

（4）关节角 θ_i　两相邻公垂线之间的空间夹角，即公垂线 a_{i-1} 与 a_i 之间的夹角。

特别说明：

1）由于基座和末端连杆只有一个关节，规定其长度为零。

2）对于一端为旋转关节，一端为移动关节的连杆，其长度也规定为零。

3）规定基座和末端连杆的连杆扭角为零。

4）α_i和θ_i逆时针旋转为正，顺时针旋转为负。

3. 正向运动学方程

各个关节的坐标系建立好后，根据下列步骤来建立连杆i与连杆$i-1$的相对关系。按照下列四个标准步骤运动即可将图4-9中的坐标系$\{x_{i-1}, y_{i-1}, z_{i-1}\}$移动到下一个坐标系$\{x_i, y_i, z_i\}$。

1）绕z_{i-1}轴旋转θ_i角，使x_{i-1}轴与x_i轴共面且平行。

2）沿z_{i-1}轴平移距离d_i，使x_{i-1}轴与x_i轴共线。

3）沿x_{i-1}轴平移距离a_i，使x_{i-1}轴与x_i轴原点重合。

4）将z_{i-1}绕x_i轴旋转α_i角，使z_{i-1}轴与z_i轴共线。

利用齐次坐标变换矩阵，可表示相邻两连杆相对位置及方向的关系，称为A矩阵，也称为连杆变换矩阵，并把两个或两个以上A矩阵的乘积称为T矩阵。例如：A_3和A_4的乘积为${}^2T_4 = A_3 A_4$，它表示连杆4对连杆2的相对位置；同理：T_6即${}^0T_6$，表示连杆6相对于基坐标系的位置。T_6能用不同形式的平移和旋转来确定。

将当前的连杆坐标系变换到下一个连杆坐标系上，关节i与关节$i+1$之间的变换矩阵可表示为

$$
\begin{aligned}
{}^{i-1}T_i = A_i &= \mathrm{Rot}(z_{i-1}, \theta_i) \times \mathrm{Trans}(0,0,d_i) \times \mathrm{Trans}(a_i,0,0) \times \mathrm{Rot}(x_i, \alpha_i) \\
&= \begin{bmatrix}
c\theta_i & -s\theta_i c\alpha_i & s\theta_i s\alpha_i & a_i c\theta_i \\
s\theta_i & c\theta_i c\alpha_i & -c\theta_i c\alpha_i & a_i s\theta_i \\
0 & s\alpha_i & c\alpha_i & d_i \\
0 & 0 & 0 & 1
\end{bmatrix}
\end{aligned}
\tag{4-16}
$$

在机器人的基座上，可以从第一个关节开始变换到第二个关节，直至到末端关节，则机器人的基座与末端关节之间的总变换为

$$
{}^0T_n = {}^0T_1 \, {}^1T_2 \cdots {}^{n-1}T_n = A_1 A_2 \cdots A_n
\tag{4-17}
$$

式中，n是关节数。对于6自由度的工业机器人则有6个A矩阵。${}^0T_n$表示基坐标系所描述的末端关节坐标系，即

$$
{}^0T_n = \begin{bmatrix}
n_x & o_x & a_x & p_x \\
n_y & o_y & a_y & p_y \\
n_z & o_z & a_z & p_z \\
0 & 0 & 0 & 1
\end{bmatrix}
\tag{4-18}
$$

式（4-17）称为机器人的正向运动学方程。

4.2.3 运动学求解

机器人运动方程的求解称为机器人逆向运动学问题，即已知机器人末端执行器相对于基座的期望位置和姿态，求解机器人能够达到期望位姿的各关节参数（矩阵）。

在机器人运动学方程的求解过程中，可能遇到两种问题，即解的存在性和多解性问题。

15. 运动学求解

（1）解的存在性　逆向运动学的解是否存在取决于期望位姿是否在机器人末端执行器能够达到的范围内，即机器人的作业空间内。若末端执行器上被指定的目标点位于机器人的作业空间内，那么至少存在一组逆向运动学的解。

（2）多解性问题　逆向运动学解的个数取决于机器人的关节数量，也与连杆参数和关节运动范围有关。一般来说，机器人的关节数量越多，连杆的非零参数越多，达到某一特定位姿的方式也越多，即逆向运动学的解的数量就越多。如图4-10所示的三连杆机器人，当机器人前2节连杆处于图中的双点画线位姿时，末端执行器的位姿与第一个位姿完全相同，即逆向运动学存在两组不同的解。一般情况下，"最短行程解"作为最优解，即选择使得每一个运动关节的移动量最小的位形；但当环境中存在障碍物时，选择"最短行程解"可能存在冲突，这时需要选择"较长行程解"，如图4-10b所示。

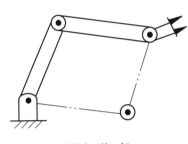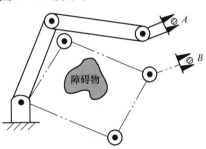

a) 双点画线表示第二解　　　　　　b) 环境中有障碍物时的多解选择

图4-10　多解性问题

机器人逆向运动学求解通常是非线性方程组的求解，求解方法有三种，即代数法、几何法和数值解析法。前两类方法是基于给出封闭解，它们适用于存在封闭逆解的机器人。关于机器人是否存在封闭逆解，对一般具有3~6个关节的机器人，有以下充分条件：①有3个相邻关节轴相互平行；②有2、3个相邻关节轴交于一点。只要满足上述一个条件，就存在封闭逆解。数值解析法由于只给出数值，无须满足上述条件，是一种通用的逆向问题求解方法，但计算工作量大，目前尚难满足实时控制的要求。

目前，机器人运动学方程尚没有通用的求解算法，下面根据 D－H 参数模型，说明机器人运动方程求解的基本思路，并按照该思路，介绍机器人 PUMA560 逆向运动学求解方法。

1. 运动学方程求解思路

在求解机器人运动方程时，从 T_6 开始求解关节位置。使 T_6 的符号表达式的各元素等于 T_6 的一般形式，并据此确定 θ_1。其他5个关节参数不可能从 T_6 求得，因为所求得的运动方程过于复杂而无法求解，可以由其他的 T 矩阵来求解它们。一旦求得 θ_1 之后，可由 A_1^{-1} 左乘 T_6 的一般形式得

$$A_1^{-1}T_6 = {}^1T_6 \tag{4-19}$$

其中，左边为 θ_1 和 T_6 各元的函数。

此式可用来求解其他各关节变量，如 θ_2 等。不断地用 A 的逆矩阵左乘式（4-17），可得下列4个矩阵方程式，即

$$A_2^{-1}A_1^{-1}T_6 = {}^2T_6 \tag{4-20}$$

$$A_3^{-1}A_2^{-1}A_1^{-1}T_6 = {}^3T_6 \tag{4-21}$$

$$A_4^{-1}A_3^{-1}A_2^{-1}A_1^{-1}T_6 = {}^4T_6 \tag{4-22}$$

$$A_5^{-1}A_4^{-1}A_3^{-1}A_2^{-1}A_1^{-1}T_6 = {}^5T_6 \qquad (4\text{-}23)$$

上列各方程的左边为 T_6 和前 $(i-1)$ 个关节变量的函数。可用这些方程来确定各关节的位置。

求解运动方程，即求得机械臂各关节坐标，对机械臂的控制至关重要。根据 T_6 可以知道机器人的机械臂要移动到什么地方，而且需要获得各关节的坐标值，以便进行这一移动。求解各关节的坐标需要有直觉知识，这是将要遇到的一个最困难的问题。只已知机械臂的姿态，没有一种算法能够求得解答。几何设置对于引导求解是必需的。

2. PUMA560 逆向运动学求解方法

下面以机器人 PUMA560 为例来阐述机器人运动学方程的求解。

PUMA560 属于关节型机器人，6 个关节都是转动关节。前三个关节确定手腕参考点的位置，后 3 个关节确定手腕参考点的方位。和大多数工业机器人一样，后 3 个关节轴线交于一点。该点选作手腕的参考点，也选作连杆坐标系 {4}、{5} 和 {6} 的原点。关节 1 的轴线为垂直方向，关节 2 和关节 3 的轴线水平平行，距离为 a_2。关节 1 和关节 2 的轴线垂直相交，关节 3 和关节 4 的轴线垂直交错，距离为 a_3。机器人 PUMA 560 的连杆坐标系布置图如图 4-11 所示。

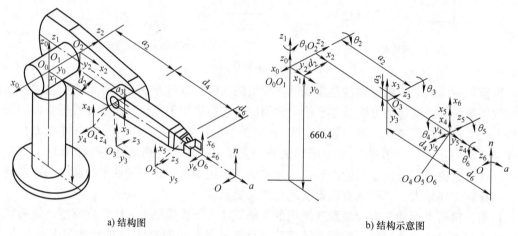

a) 结构图　　　　　　　　　　　　b) 结构示意图

图 4-11　机器人 PUMA560 的连杆坐标系布置图

机器人 PUMA560 相应的连杆参数见表 4-1。

表 4-1　机器人 PUMA560 相应的连杆参数

连杆	变量 θ_i	α_{i-1}	a_{i-1}	d_i	变量范围
1	θ_1 (90°)	0°	0	0	$-160° \sim 160°$
2	θ_2 (0°)	$-90°$	0	d_2	$-225° \sim 45°$
3	θ_3 ($-90°$)	0°	a_2	0	$-45° \sim 225°$
4	θ_4 (0°)	$-90°$	a_3	d_4	$-110° \sim 170°$
5	θ_5 (0°)	90°	0	0	$-100° \sim 100°$
6	θ_6 (0°)	$-90°$	0	d_6	$-266° \sim 266°$

由表 4-1 中的连杆参数，可求得连杆变换矩阵如下。

$$
{}^0\boldsymbol{T}_1 = \begin{bmatrix} c\theta_1 & -s\theta_1 & 0 & 0 \\ s\theta_1 & c\theta_1 & 0 & 0 \\ 0 & 0 & 1 & 0 \\ 0 & 0 & 0 & 1 \end{bmatrix} \qquad
{}^1\boldsymbol{T}_2 = \begin{bmatrix} c\theta_2 & -s\theta_2 & 0 & 0 \\ 0 & 0 & 1 & d_2 \\ -s\theta_2 & -c\theta_2 & 0 & 0 \\ 0 & 0 & 0 & 1 \end{bmatrix}
$$

$$
{}^2\boldsymbol{T}_3 = \begin{bmatrix} c\theta_3 & -s\theta_3 & 0 & a_2 \\ s\theta_3 & c\theta_3 & 0 & 0 \\ 0 & 0 & 1 & 0 \\ 0 & 0 & 0 & 1 \end{bmatrix} \qquad
{}^3\boldsymbol{T}_4 = \begin{bmatrix} c\theta_4 & -s\theta_4 & 0 & a_3 \\ 0 & 0 & 1 & d_4 \\ -s\theta_4 & -c\theta_4 & 0 & 0 \\ 0 & 0 & 0 & 1 \end{bmatrix}
$$

$$
{}^4\boldsymbol{T}_5 = \begin{bmatrix} c\theta_5 & -s\theta_5 & 0 & 0 \\ 0 & 0 & -1 & 0 \\ s\theta_5 & c\theta_5 & 0 & 0 \\ 0 & 0 & 0 & 1 \end{bmatrix} \qquad
{}^5\boldsymbol{T}_6 = \begin{bmatrix} c\theta_6 & -s\theta_6 & 0 & 0 \\ 0 & 0 & 1 & 0 \\ -s\theta_6 & -c\theta_6 & 0 & 0 \\ 0 & 0 & 0 & 1 \end{bmatrix}
$$

运动方程可写为

$$
{}^0\boldsymbol{T}_6 = \begin{bmatrix} n_x & o_x & a_x & p_x \\ n_y & o_y & a_y & p_y \\ n_z & o_z & a_z & p_z \\ 0 & 0 & 0 & 1 \end{bmatrix} = {}^0\boldsymbol{T}_1(\theta_1){}^1\boldsymbol{T}_2(\theta_2){}^2\boldsymbol{T}_3(\theta_3){}^3\boldsymbol{T}_4(\theta_4){}^4\boldsymbol{T}_5(\theta_5){}^5\boldsymbol{T}_6(\theta_6) \qquad (4\text{-}24)
$$

要求解此运动方程，需先计算某些中间结果，即

$$
{}^4\boldsymbol{T}_6 = {}^4\boldsymbol{T}_5{}^5\boldsymbol{T}_6 = \begin{bmatrix} c_5c_6 & -c_5c_6 & -s_5 & 0 \\ s_6 & c_6 & 0 & 0 \\ s_5c_6 & -s_5s_6 & c_5 & 0 \\ 0 & 0 & 0 & 1 \end{bmatrix} \qquad (4\text{-}25)
$$

$$
{}^3\boldsymbol{T}_6 = {}^3\boldsymbol{T}_4{}^4\boldsymbol{T}_6 = \begin{bmatrix} c_4c_5c_6 - s_4s_6 & -c_4c_5s_6 - s_4c_6 & -c_4s_5 & a_3 \\ s_5c_6 & -s_5s_6 & c_5 & d_4 \\ -s_4c_5c_6 - c_4s_6 & s_4c_5s_6 - c_4c_6 & s_4s_5 & 0 \\ 0 & 0 & 0 & 1 \end{bmatrix} \qquad (4\text{-}26)
$$

式中，$s_4 = \sin\theta_4, c_4 = \cos\theta_4$，其余以此类推。

由于 PUMA560 的关节 2 和 3 相互平行，把 ${}^1\boldsymbol{T}_2(\theta_2)$ 和 ${}^2\boldsymbol{T}_3(\theta_3)$ 相乘得

$$
{}^1\boldsymbol{T}_3 = {}^1\boldsymbol{T}_2{}^2\boldsymbol{T}_3 = \begin{bmatrix} c_{23} & -s_{23} & 0 & a_2c_2 \\ 0 & 0 & 1 & d_2 \\ -s_{23} & -c_{23} & 0 & -a_2s_2 \\ 0 & 0 & 0 & 1 \end{bmatrix} \qquad (4\text{-}27)
$$

式中，$s_{23} = \sin(\theta_2 + \theta_3)$，$c_{23} = \cos(\theta_2 + \theta_3)$，其余以此类推。

将式（4-26）和式（4-27）相乘，得

81

$$^1T_6 = {}^1T_3^3T_6 = \begin{bmatrix} {}^1n_x & {}^1o_x & {}^1a_x & {}^1p_x \\ {}^1n_y & {}^1o_y & {}^1a_y & {}^1p_y \\ {}^1n_z & {}^1o_z & {}^1a_z & {}^1p_z \\ 0 & 0 & 0 & 1 \end{bmatrix} \tag{4-28}$$

式中，
$$\begin{cases}
{}^1n_x = c_{23}(c_4c_5c_6 - s_4s_6) - s_{23}s_5c_6 \\
{}^1n_y = -s_4c_5c_6 - c_4s_6 \\
{}^1n_z = -s_{23}(c_4c_5c_6 - s_4s_6) - c_{23}s_5c_6 \\
{}^1o_x = -c_{23}(c_4c_5s_6 + s_4c_6) + s_{23}s_5s_6 \\
{}^1o_y = s_4c_5s_6 - c_4c_6 \\
{}^1o_z = s_{23}(c_4c_5s_6 + s_4c_6) + c_{23}s_5s_6 \\
{}^1a_x = -c_{23}c_4s_5 - s_{23}c_5 \\
{}^1a_y = s_4s_5 \\
{}^1a_z = s_{23}c_4s_5 - c_{23}c_5 \\
{}^1p_x = a_2c_2 + a_3c_{23} - d_4s_{23} \\
{}^1p_y = d_2 \\
{}^1p_z = -a_3s_{23} - a_2s_2 - d_4c_{23}
\end{cases}$$

于是，可求得机器人的 T 变换矩阵为

$$^0T_6 = {}^0T_1^1T_6 = \begin{bmatrix} n_x & o_x & a_x & p_x \\ n_y & o_y & a_y & p_y \\ n_z & o_z & a_z & p_z \\ 0 & 0 & 0 & 1 \end{bmatrix} \tag{4-29}$$

式中，
$$\begin{cases}
n_x = c_1[c_{23}(c_4c_5c_6 - s_4s_6) - s_{23}s_5c_6] + s_1(s_4c_5c_6 + c_4s_6) \\
n_y = s_1[c_{23}(c_4c_5c_6 - s_4s_6) - s_{23}s_5c_6] - c_1(s_4c_5c_6 + c_4s_6) \\
n_z = -s_{23}(c_4c_5c_6 - s_4s_6) - c_{23}s_5c_6 \\
o_x = c_1[-c_{23}(c_4c_5s_6 + s_4c_6) + s_{23}s_5s_6] + s_1(c_4c_6 - s_4c_5s_6) \\
o_y = s_1[-c_{23}(c_4c_5s_6 + s_4c_6) + s_{23}s_5s_6] - c_1[c_4c_6 - s_4c_5s_6] \\
o_z = s_{23}(c_4c_5s_6 + s_4c_6) + c_{23}s_5s_6 \\
a_x = -c_1(c_{23}c_4s_5 + s_{23}c_5) - c_1s_4s_5 \\
a_y = -s_1(c_{23}c_4s_5 + s_{23}c_5) + c_1s_4s_5 \\
a_z = s_{23}c_4s_5 - c_{23}c_5 \\
p_x = c_1(a_2c_2 + a_3c_{23} - d_4s_{23}) - d_2s_1 \\
p_y = s_1(a_2c_2 + a_3c_{23} - d_4s_{23}) + d_2c_1 \\
p_z = -a_3s_{23} - a_2s_2 - d_4c_{23}
\end{cases}$$

式（4-29）表示的 PUMA560 机械臂变换矩阵 $^0T_6$，描述了末端连杆坐标系 {6} 相对基

坐标系 {0} 的位姿，是机器人运动分析的基础方程。

若末端连杆的位姿已经给定，则求关节变量 θ_1，θ_2，$\cdots$，θ_6 的值称为运动反解。用未知的连杆逆变换左乘式（4-24）两边，把关节变量分离出来，从而求解。

（1）求 θ_1　用逆变换 ${}^0T_1^{-1}(\theta_1)$ 左乘式（4-24）两边，则

$$\,^0T_1^{-1}(\theta_1)\,{}^0T_6 = {}^1T_2(\theta_2)\,{}^2T_3(\theta_3)\,{}^3T_4(\theta_4)\,{}^4T_5(\theta_5)\,{}^5T_6(\theta_6) \tag{4-30}$$

$$\begin{bmatrix} c_1 & s_1 & 0 & 0 \\ -s_1 & c_1 & 0 & 0 \\ 0 & 0 & 1 & 0 \\ 0 & 0 & 0 & 1 \end{bmatrix}\begin{bmatrix} n_x & o_x & a_x & p_x \\ n_y & o_y & a_y & p_y \\ n_z & o_z & a_z & p_z \\ 0 & 0 & 0 & 1 \end{bmatrix} = {}^1T_6 \tag{4-31}$$

令式（4-31）两端的元素（2，4）对应相等，得

$$-s_1 p_x + c_1 p_y = d_2 \tag{4-32}$$

利用三角代换

$$p_x = \rho\cos\phi \qquad p_y = \rho\sin\phi \tag{4-33}$$

式中，$\rho = \sqrt{p_x^2 + p_y^2}$；$\phi = \mathrm{atan2}(p_y, p_x)$。

把式（4-33）带入式（4-32），得到 θ_1 的解为

$$\begin{cases} \sin(\phi - \theta_1) = d_2/\rho \qquad \cos(\phi - \theta_1) = \pm\sqrt{1 - (d_2/\rho)^2} \\[2mm] \phi - \theta_1 = \mathrm{atan2}\left[\dfrac{d_2}{\rho}, \pm\sqrt{1 - \left(\dfrac{d_2}{\rho}\right)^2}\right] \\[2mm] \theta_1 = \mathrm{atan2}(p_y, p_x) - \mathrm{atan2}(d_2, \pm\sqrt{p_x^2 + p_y^2 - d_2^2}) \end{cases} \tag{4-34}$$

式中，正、负号对应于 θ_1 的两个可能解。

（2）求 θ_3　在选定 θ_1 的一个解之后，再令式（4-31）两端的元素（1，4）和（3，4）分别对应相等，即得

$$\begin{cases} c_1 p_x + s_1 p_y = a_3 c_{23} - d_4 s_{23} + a_2 c_2 \\ p_z = a_3 s_{23} + d_4 c_{23} + a_2 s_2 \end{cases} \tag{4-35}$$

式（4-32）与式（4-35）中第 1 个等式的平方和为

$$a_3 c_3 - d_4 s_3 = k \tag{4-36}$$

式中，$k = \dfrac{p_x^2 + p_y^2 + p_z^2 - a_2^2 - a_3^2 - d_2^2 - d_4^2}{2a_2}$。

式（4-36）中已经消去 θ_2，且式（4-36）与式（4-32）具有相同的形式，因而可由三角代换求解 θ_3 为

$$\theta_3 = \mathrm{atan2}(a_3, d_4) - \mathrm{atan2}(k, \pm\sqrt{a_3^2 + d_4^2 - k^2}) \tag{4-37}$$

式中，正负号对应 θ_3 的两种可能解。

（3）求 θ_2　为求解 θ_2，在式（4-24）两边左乘逆变换 ${}^0T_3^{-1}$，得

$$\,^0T_3^{-1}(\theta_1, \theta_2, \theta_3)\,{}^0T_6 = {}^3T_4(\theta_4)\,{}^4T_5(\theta_5)\,{}^5T_6(\theta_6) \tag{4-38}$$

$$\begin{bmatrix} c_1 c_{23} & s_1 c_{23} & -s_{23} & -a_2 c_3 \\ -c_1 s_{23} & -s_1 s_{23} & -c_{23} & a_2 s_3 \\ -s_1 & c_1 & 0 & -d_2 \\ 0 & 0 & 0 & 1 \end{bmatrix} \begin{bmatrix} n_x & o_x & a_x & p_x \\ n_y & o_y & a_y & p_y \\ n_z & o_z & a_z & p_z \\ 0 & 0 & 0 & 1 \end{bmatrix} = {}^3\boldsymbol{T}_6 \tag{4-39}$$

令式（4-39）两边的元素（1, 4）和（2, 4）分别对应相等，可得

$$\begin{cases} c_1 c_{23} p_x + s_1 c_{23} p_y - s_{23} p_z - a_2 c_3 = a_3 \\ -c_1 s_{23} p_x - s_1 s_{23} p_y - c_{23} p_z + a_2 s_3 = d_4 \end{cases} \tag{4-40}$$

联立求解得

$$\begin{cases} s_{23} = \dfrac{(-a_3 - a_2 c_3) p_z + (c_1 p_x + s_1 p_y)(s_2 s_3 - d_4)}{p_z^2 + (c_1 p_x + s_1 p_y)^2} \\ c_{23} = \dfrac{(-d_4 + a_2 s_3) p_z - (c_1 p_x + s_1 p_y)(-a_2 c_3 - a_3)}{p_z^2 + (c_1 p_x + s_1 p_y)^2} \end{cases}$$

s_{23} 和 c_{23} 表达式的分母相等，且为正。于是

$$\begin{aligned} \theta_{23} = \theta_2 + \theta_3 = \text{atan2}\big[& -(a_3 + a_2 c_3) p_z + (c_1 p_x + s_1 p_y)(a_2 s_3 - d_4), \\ & (-d_4 + a_2 s_3) p_z + (c_1 p_x + s_1 p_y)(a_2 c_3 + a_3) \big] \end{aligned} \tag{4-41}$$

根据 θ_1 和 θ_3 解的 4 种可能组合，由式（4-41）可以得到相应的 4 种可能值 θ_{23}，于是可得到 θ_2 的 4 种可能解为

$$\theta_2 = \theta_{23} - \theta_3 \tag{4-42}$$

式中，θ_2 取与 θ_3 相对应的值。

（4）求 θ_4 因为式（4-39）的左边均为已知，令两边元素（1, 3）和（3, 3）分别对应相等，则

$$\begin{cases} a_x c_1 c_{23} + a_y s_1 c_{23} - a_z s_{23} = -c_4 s_5 \\ -a_x s_1 + a_y c_1 = s_4 s_5 \end{cases}$$

只要 $s_5 \neq 0$，即可求出 θ_4 为

$$\theta_4 = \text{atan2}(-a_x s_1 + a_y c_1, -a_x c_1 c_{23} - a_y s_1 c_{23} + a_z s_{23}) \tag{4-43}$$

当 $s_5 = 0$ 时，机械臂处于奇异形位置。此时，关节轴 4 和 6 重合，只能解出 θ_4 与 θ_6 的和或差。奇异形位置可以由式（4-43）中的 atan2 的两个变量是否都接近零来判别。若都接近零，则为奇异形位置；否则，不是奇异形位置。在奇异形位置时，可任意选取 θ_4 的值，再计算相应的 θ_6 的值。

（5）求 θ_5 根据求出的 θ_4，可进一步解出 θ_5，将式（4-24）两端左乘逆变换 ${}^0\boldsymbol{T}_4^{-1}(\theta_1, \theta_2, \theta_3, \theta_4)$，有

$$ {}^0\boldsymbol{T}_4^{-1}(\theta_1, \theta_2, \theta_3, \theta_4) {}^0\boldsymbol{T}_6 = {}^4\boldsymbol{T}_5(\theta_5) {}^5\boldsymbol{T}_6(\theta_6) \tag{4-44}$$

因式（4-44）的左边 θ_1，θ_2，θ_3 和 θ_4 均已解出，逆变换 ${}^0\boldsymbol{T}_4^{-1}(\theta_1, \theta_2, \theta_3, \theta_4)$ 为

$$\begin{bmatrix} c_1 c_{23} c_4 + s_1 s_4 & s_1 c_{23} c_4 - c_1 s_4 & -s_{23} c_4 & -a_2 c_3 c_4 + d_2 s_4 - a_3 c_4 \\ -c_1 c_{23} s_4 + s_1 c_4 & -s_1 c_{23} s_4 - c_1 c_4 & s_{23} s_4 & a_2 c_3 s_4 + d_2 c_4 + a_3 s_4 \\ -c_1 s_{23} & -s_1 s_{23} & -c_{23} & a_2 s_3 - d_4 \\ 0 & 0 & 0 & 1 \end{bmatrix}$$

根据矩阵两边元素（1，3）和（3，3）分别对应相等，可得

$$\begin{cases} a_x(c_1c_{23}c_4 + s_1s_4) + a_y(s_1c_{23}c_4 - c_1s_4) - a_z(s_{23}c_4) = -s_5 \\ a_x(-c_1s_{23}) + a_y(-s_1s_{23}) + a_z(-c_{23}) = c_5 \end{cases} \tag{4-45}$$

由此得到 θ_5 的封闭解为

$$\theta_5 = \mathrm{atan2}(s_5, c_5) \tag{4-46}$$

（6）求 θ_6　将式（4-24）改写为

$${}^0T_5^{-1}(\theta_1, \theta_2, \theta_3, \theta_4, \theta_5)\,{}^0T_6 = {}^5T_6(\theta_6) \tag{4-47}$$

令矩阵方程（4-47）两边元素（3，1）和（1，1）分别对应相等，可得

$$\begin{cases} -n_x(c_1c_{23}s_4 - s_1c_4) - n_y(s_1c_{23}s_4 + c_1c_4) + n_z(s_{23}s_4) = s_6 \\ n_x[(c_1c_{23}c_4 + s_1s_4)c_5 - c_1s_{23}s_5] + n_y[(s_1c_{23}c_4 - c_1s_4)c_5 - s_1s_{23}s_5] - n_z(s_{23}c_4c_5 + c_{23}s_5) = c_6 \end{cases}$$

由此可求出 θ_6 的封闭解为

$$\theta_6 = \mathrm{atan2}(s_6, c_6) \tag{4-48}$$

机器人 PUMA560 的运动反解可能存在 8 种解。但是由于结构限制，如各关节变量不能全部在 360°范围内运动，有些解不能实现。在机器人存在多种解的情况下，应选取其最满意的一组解，以满足机器人的工作要求。

4.3　动力学

机器人是一种主动机械装置，原则上它的每个自由度都具有独立动力。机械臂是一种多变量的、非线性的自动控制系统，也是一个复杂的动力学耦合系统。

机器人的动力学是从速度、加速度和受力上来分析机器人的运动特性。动力学也有两个基本问题。

16. 动力学

1. 动力学正问题

对一给定的机器人操作机，已知各关节的作用力或力矩，求各关节的位移、速度和加速度，求得机器人手腕的运动轨迹，称为动力学正问题。

2. 动力学逆问题

对一给定的机器人操作机，已知机器人手腕的运动轨迹，即各关节的位移、速度和加速度，求各关节所需要的驱动力或力矩，称为动力学逆问题。

分析机器人操作的动态数学模型有两种基本的方法，即牛顿－欧拉法和拉格朗日法。牛顿－欧拉法需要从运动学出发求得加速度，并消去各内作用力；拉格朗日法是基于能量平衡，只需要速度而不必求内作用力。

实际上，动力学两个相反问题的求解都是基于动力学方程的。由于拉格朗日力学建立系统动力学方程时仅考虑系统能量，能够独立选择广义坐标，消除动力学运动方程中的约束力，不仅能以最简单的形式求解复杂系统的动力学方程，而且所求得的方程具有显示结构，因此多数参考书都采用拉格朗日力学推导系统动力学方程。通常，多自由度系统动力学正向求解和逆向求解比较复杂，因此本章将利用简单的 2 自由度机器人介绍拉格朗日法建立机器

人动力学方程的推导过程。

4.3.1 拉格朗日方程

拉格朗日力学的基础是系统能量对系统变量及时间的微分。对于简单情况，运用该方法比运用牛顿力学烦琐，然而随着系统复杂程度的增加，运用拉格朗日力学将变得相对简单。

目前，在机器人的动力学研究中，主要应用拉格朗日方程来建立机器人的动力学模型。这类方程可直接表示为系统控制输入的函数，若采用齐次坐标，通过递推的拉格朗日方程也可建立比较方便而有效的动力学方程。

对于任何机械系统，拉格朗日函数 L（拉格朗日算子）定义为系统总动能 E_k 与系统总势能 E_p 之差，即

$$L = E_k - E_p \tag{4-49}$$

由于拉格朗日力学以两个基本方程为基础，即一个针对直线运动，另一个针对旋转运动。因此系统总动能 E_k 是系统变量 $\dot{x}_i$ 和 $\dot{\theta}_i$ 的函数，系统总势能 E_p 是 x_i 和 θ_i 的函数，因此拉格朗日方程可表示为

$$F_i = \frac{\mathrm{d}}{\mathrm{d}t} \frac{\partial L}{\partial \dot{x}_i} - \frac{\partial L}{\partial x_i} \tag{4-50}$$

$$T_i = \frac{\mathrm{d}}{\mathrm{d}t} \frac{\partial L}{\partial \dot{\theta}_i} - \frac{\partial L}{\partial \theta_i} \tag{4-51}$$

式中，F_i 是产生线性运动的所有外力之和；T_i 是产生旋转运动的所有外力矩之和。

将 x_i 和 θ_i 记为广义关节变量 q_i，单位为 m 或 rad，单位的具体选择需要根据 q_i 的坐标形式（直线运动或旋转运动）确定；将 F_i 和 T_i 统一记为 F_i，表示系统作用在第 i 个关节上的广义力或力矩，单位为 N 或 N·m，单位的具体选择需要根据作用在关节上的驱动力形式确定；将 $\dot{x}_i$ 和 $\dot{\theta}_i$ 记为广义速度 $\dot{q}_i$，则机器人系统的拉格朗日方程可表示为

$$F_i = \frac{\mathrm{d}}{\mathrm{d}t} \frac{\partial L}{\partial \dot{q}_i} - \frac{\partial L}{\partial q_i} \quad (i = 1, 2, \cdots, n) \tag{4-52}$$

用拉格朗日法建立系统的动力学模型的步骤如下。

1）选择坐标系，选定独立的广义关节变量和相应的广义力。

2）计算各连杆的动能和势能。

3）建立机器人系统的拉格朗日函数。

4）对拉格朗日函数求导，得到机器人系统的动力学方程。

4.3.2 平面 2 连杆机器人动力学建模

下面以垂直平面内的 2 连杆机器人为例，介绍机器人动力学方程的推导步骤。

1. 选取广义关节变量及广义力

如图 4-12 所示，在基座处建立笛卡尔坐标系，θ_1 和 θ_2 分别为连杆 1 和连杆 2 的关节变量，T_1 和 T_2 分别为关节 1 和关节 2 的驱动力矩，m_1 和 m_2 分别为连杆 1 和连杆 2 的质量，质心分别为 C 和 D，杆长分别为 l_1 和 l_2，质心距离关节中心的距离分别为 d_1 和 d_2。

因此连杆 1 质心的位置及速度为

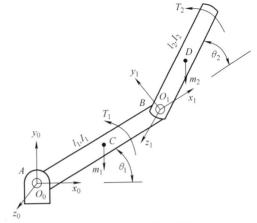

$$\begin{cases} x_1 = d_1\cos\theta_1 \\ y_1 = d_1\sin\theta_1 \\ \dot{x}_1 = -d_1\dot{\theta}_1\sin\theta_1 \\ \dot{y}_1 = d_1\dot{\theta}_1\cos\theta_1 \end{cases}$$

连杆 2 质心的位置及速度为：

$$\begin{cases} x_2 = l_1\cos\theta_1 + d_2\cos(\theta_1 + \theta_2) \\ y_2 = l_1\sin\theta_1 + d_2\sin(\theta_1 + \theta_2) \\ \dot{x}_2 = -l_1\dot{\theta}_1\sin\theta_1 - d_2(\dot{\theta}_1 + \dot{\theta}_2)\sin(\theta_1 + \theta_2) \\ \dot{y}_2 = l_1\dot{\theta}_1\cos\theta_1 + d_2(\dot{\theta}_1 + \dot{\theta}_2)\cos(\theta_1 + \theta_2) \end{cases}$$

图 4-12　2 自由度机械臂

2. 计算系统总动能和系统总势能

系统总动能为

$$E_k = E_{k1} + E_{k2}$$

连杆 1 的动能为

$$E_{k1} = \frac{1}{2}m_1(\dot{x}_1^2 + \dot{y}_1^2) = \frac{1}{2}m_1 d_1^2\dot{\theta}_1^2$$

连杆 2 的动能为

$$E_{k2} = \frac{1}{2}m_2(\dot{x}_2^2 + \dot{y}_2^2) = \frac{1}{2}m_2 l_1^2\dot{\theta}_1^2 + \frac{1}{2}m_2 d_2^2(\dot{\theta}_1 + \dot{\theta}_2)^2 + m_2 l_1 d_2(\dot{\theta}_1^2 + \dot{\theta}_1\dot{\theta}_2)\cos\theta_2$$

系统总势能为

$$E_p = E_{p1} + E_{p2}$$

连杆 1 的势能为

$$E_{p1} = m_1 g y_1 = m_1 g d_1\sin\theta_1$$

连杆 2 的势能为

$$E_{p2} = m_2 g y_2 = m_2 g l_1\sin\theta_1 + m_2 g d_2\sin(\theta_1 + \theta_2)$$

3. 建立拉格朗日函数

$$L = E_k - E_p = \frac{1}{2}(m_1 d_1^2 + m_2 l_1^2)\dot{\theta}_1^2 + \frac{1}{2}m_2 d_2^2(\dot{\theta}_1 + \dot{\theta}_2)^2 + m_2 l_1 d_2(\dot{\theta}_1^2 + \dot{\theta}_1\dot{\theta}_2)\cos\theta_2$$
$$- (m_1 d_1 + m_2 l_1)g\sin\theta_1 - m_2 g d_2\sin(\theta_1 + \theta_2)$$

4. 建立系统动力学方程

对拉格朗日函数求导，可计算各关节的驱动力矩，得到系统的动力学方程。

（1）计算关节 1 上的力矩 T_1

$$T_1 = \frac{\mathrm{d}}{\mathrm{d}t}\frac{\partial L}{\partial\dot{\theta}_1} - \frac{\partial L}{\partial\theta_1} = D_{11}\ddot{\theta}_1 + D_{12}\ddot{\theta}_2 + D_{112}\dot{\theta}_1\dot{\theta}_2 + D_{122}\dot{\theta}_2^2 + D_1$$

式中，

$$D_{11} = m_1 d_1^2 + m_2 d_2^2 + m_2 l_1^2 + 2m_2 l_1 d_2\cos\theta_2$$
$$D_{12} = m_2 d_2^2 + m_2 l_1 d_2\cos\theta_2$$
$$D_{112} = -2m_2 l_1 d_2\sin\theta_2$$
$$D_{122} = -m_2 l_1 d_2\sin\theta_2$$

87

$$D_1 = (m_1 d_1 + m_2 l_1) g \cos \theta_1 + m_2 d_2 g \cos(\theta_1 + \theta_2)$$

（2）计算关节 2 上的力矩 T_2

$$T_2 = \frac{\mathrm{d}}{\mathrm{d}t} \frac{\partial L}{\partial \dot{\theta}_2} - \frac{\partial L}{\partial \theta_2} = D_{21} \ddot{\theta}_1 + D_{22} \ddot{\theta}_2 + D_{212} \dot{\theta}_1 \dot{\theta}_2 + D_{211} \dot{\theta}_1^2 + D_2$$

式中，

$$D_{21} = m_2 d_2^2 + m_2 l_1 d_2 \cos \theta_2$$

$$D_{22} = m_2 d_2^2$$

$$D_{212} = 0$$

$$D_{211} = m_2 l_1 d_2 \sin \theta_2$$

$$D_2 = m_2 d_2 g \cos(\theta_1 + \theta_2)$$

将系统的动力学方程写成矩阵形式，可得

$$\begin{bmatrix} T_1 \\ T_2 \end{bmatrix} = \begin{bmatrix} D_{11} & D_{12} \\ D_{21} & D_{22} \end{bmatrix} \begin{bmatrix} \ddot{\theta}_1 \\ \ddot{\theta}_2 \end{bmatrix} + \begin{bmatrix} D_{111} & D_{122} \\ D_{211} & D_{222} \end{bmatrix} \begin{bmatrix} \dot{\theta}_1^2 \\ \dot{\theta}_2^2 \end{bmatrix} + \begin{bmatrix} D_{112} & D_{121} \\ D_{212} & D_{221} \end{bmatrix} \begin{bmatrix} \dot{\theta}_1 \dot{\theta}_2 \\ \dot{\theta}_2 \dot{\theta}_1 \end{bmatrix} + \begin{bmatrix} D_1 \\ D_2 \end{bmatrix} \tag{4-53}$$

在这个 2 自由度系统的运动方程中，系数 D_{ii} 表示关节 i 处的有效惯量，在关节 i 处，由加速度产生的力矩等于 $D_{ii} \ddot{\theta}_i$；系数 D_{ij} 表示关节 i 和关节 j 之间的耦合惯量，当关节 i 或关节 j 有加速度时，就在关节 j 或关节 i 处产生力矩 $D_{ij} \ddot{\theta}_j$ 或 $D_{ji} \ddot{\theta}_i$；$D_{ijj} \dot{\theta}_j^2$ 项代表由于关节 j 处的速度而在关节 i 上所产生的向心力。所有 $\dot{\theta}_i \dot{\theta}_j$ 的项代表科里奥利加速度，乘以相应的惯量后就是科里奥利力；剩下的 D_i 代表关节 i 处的重力。

可以看出，2 自由度系统的动力学方程较为复杂，而多自由度机器人的动力学方程会更复杂。但是，建立动力学方程的基本思路是一样的，先计算连杆和关节的动能和势能来定义拉格朗日函数，然后将拉格朗日函数对关节变量求导得到动力学方程。本节不对多自由度机器人系统动力学方程的建立进行详细介绍，想了解更多可以参考相关文献。

思 考 题

1. 刚体在三维空间中的位姿如何表示？
2. 如何对指定坐标系进行平移坐标变换和旋转坐标变换？
3. 什么是正向运动学问题和逆向运动学问题？
4. 运动学分析中的 D－H 参数有哪些？
5. 机器人末端执行器相对于机器人基座的位姿如何表示？
6. 运动学方程的求解思路是什么？
7. 什么是动力学正问题和动力学逆问题？
8. 机器人系统动态数学模型推导中常用的两种方法是什么？
9. 拉格朗日法建立系统动力学方程的步骤是什么？

第5章

Chapter

工业机器人控制系统

对任何系统的控制都是应用或施加力使得系统根据指令运动或工作。在机器人系统中也一样，需要机械臂精确且重复地移动其末端执行器来执行指定任务。

17. 控制系统概述

5.1 控制系统概述

机器人的控制系统主要用于对机器人工作过程中的动作顺序、目标位置及姿态、运动路径轨迹及规划、动作时间间隔以及末端执行器作业时的力和力矩等进行控制。

目前广泛使用的机器人中，控制机多为微型计算机，一般封装在控制器里，如 ABB IRC5 紧凑型控制器、KUKA KR C4 控制器、FANUC R－30iB Mate 控制器、YASKAWA DX200 控制器、NACHI CFD 控制器、Kawasaki E73 控制器等，如图 5-1 所示。

a) NACHI CFD控制器

b) Kawasaki E73控制器

图 5-1　NACHI 和 Kawasaki 机器人的控制器

5.1.1 控制系统要求

每个控制系统完成不同的任务，评价其性能好坏有不同的指标。特别是在实际系统中，控制对象、控制装置和各功能部件的特征参数不同，系统在控制过程中差异很大。工程界对控制系统的基本要求主要有以下 3 个方面。

1. 稳定性

稳定性是指系统受到外作用后，其动态过程的振荡倾向和恢复平衡的能力。稳定性的要求是控制系统正常工作的首要条件，而且是最重要的条件。当扰动作用于系统时，系统的输出量会偏移其稳定值，此时在反馈系统的作用下，系统可能会回到或接近原来的数值并稳定下来，则称系统是稳定的，如图 5-2a 所示；如果系统出现发散而处于不稳定的状态，则称系统是不稳定的，如图 5-2b 所示。

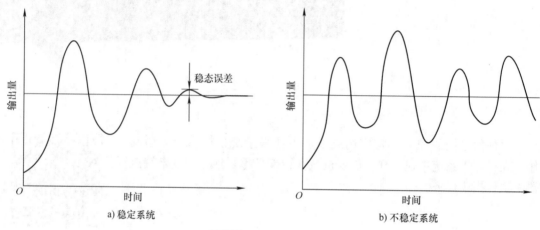

图 5-2　系统的稳定性

2. 快速性

快速性是指当系统的输出量与给定输入量出现偏差时，系统消除这种偏差的快慢程度。因此，快速性是衡量系统性能的一个重要指标。系统响应越快，说明系统的输出复现输入信号的能力越强。

3. 准确性

准确性是指系统在过渡过程结束后，输出量与给定输入量的偏差，也称为静态偏差或稳态误差，如图 5-2a 所示。它也是衡量系统工作性能的重要指标。

上述 3 个指标是控制系统的基本要求，即要求系统"稳、快、准"。然而，这些指标要求在同一个系统中往往是相互矛盾的。这就需要根据具体控制对象和指标要求对其中的某些指标有所侧重，同时又要注意统筹兼顾。

5.1.2 控制系统类型

控制系统按照不同的准则可分为很多类型，常见分类如下。

1. 按有无反馈分类

控制系统按有无反馈可分为开环控制系统、闭环控制系统和复合控制系统 3 类。

（1）开环控制系统　开环控制系统是系统通道不存在反馈环节的控制系统，如图 5-3 所示。此系统仅受输入量、控制量和控制对象影响；信号是单向传递，在整个控制过程中输出量对系统的控制不产生任何影响，缺乏抗干扰能力。

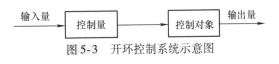

图5-3　开环控制系统示意图

开环控制系统的优点是简单、可靠。若开环控制系统的元件特性比较稳定，并且外界干扰比较小，则能够保持一定的精度。它的缺点是控制精度较低，对系统的干扰无自动调整能力。

（2）闭环控制系统　带有反馈环节的控制系统称为闭环控制系统。控制系统的输出端和输入端之间存在反馈回路，即输出量对控制有直接影响，如图5-4所示。由于在输出端和输入端之间存在反馈回路，有反馈检测环节，系统受偏差控制，因此具有抗干扰的能力。

该系统的优点是对外部扰动和参数变化不敏感，精度高，不管出现什么干扰，只要被控制量的实际值偏离给定值，闭环控制就会产生控制作用来减小这一偏差。它的缺点是系统性能分析与设计比较困难，存在稳定、超调和振荡等问题。

（3）复合控制系统　复合控制系统是在闭环控制回路的基础上附加一个输入信号或扰动作用的顺馈通路，如图5-5所示，来提高系统的控制精度。它是开环控制与闭环控制相结合的一种控制系统。

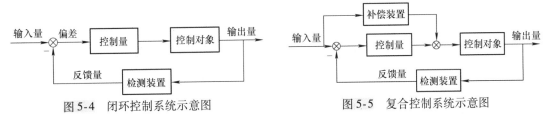

图5-4　闭环控制系统示意图　　　　　图5-5　复合控制系统示意图

2. 按系统线性特征分类

控制系统按系统线性特征可分为线性控制系统和非线性控制系统。

（1）线性控制系统　线性控制系统是指系统中所有环节的输入输出都呈线性关系，满足叠加定理和齐次性原理的控制系统。

（2）非线性控制系统　非线性控制系统是指系统中至少有一个环节的输入输出呈非线性关系，不满足叠加定理和齐次性原理的控制系统。非线性控制系统一般存在死区、间隙和饱和特性。

3. 按系统信号类型分类

控制系统按系统信号类型可分连续控制系统和离散控制系统。

（1）连续控制系统　连续控制系统中所有信号的变化均为时间的连续函数，系统中传递的信号都是模拟信号，系统的运动规律可用微分方程描述。

（2）离散控制系统　离散控制系统中至少有一处信号是脉冲序列或数字量，系统中传递的信号都是数字信号，计算机作为该系统的控制器，系统的运动规律必须用差分方程描述。这种系统一般包括采样控制系统和数字控制系统两种。

5.1.3　控制系统特点

与一般的伺服系统或过程控制系统相比，机器人控制系统具有以下特点。

1. 与机构运动学和动力学紧密相关

机器人机械臂的状态可以在各种坐标系下进行描述，应当根据需要，选择不同的参考坐标系，并做适当的坐标变换。因此，经常要求解运动学正、逆问题以及考虑惯性力、外力及科里奥利力、向心力的影响。

2. 多变量控制

一个机器人通常具有 3~6 个自由度，而比较复杂的机器人（如双臂机器人）甚至有十几个自由度。每个自由度一般包含一个伺服系统。它们还必须能够保持协调，从而形成了一个多变量控制系统。

3. 计算机控制

把多个独立的伺服系统有机地协调起来，使其按照人的意志行动，赋予机器人一定的"智能"，这个任务只能由计算机来完成。因此，机器人控制系统必须是一个计算机控制系统。同时，计算机软件担负着艰巨的任务。

4. 耦合非线性控制

描述机器人状态和运动的数学模型是一个非线性模型，随着状态的不同和外界环境的变化，其参数也在变化，各变量之间还存在耦合。因此，仅仅利用位置闭环是不够的，还要利用速度闭环甚至加速度闭环。系统中经常使用重力补偿、前馈、解耦或自适应控制等方法。

5. 寻优控制

机器人的动作往往可以通过不同的方式和路径来完成，因此存在一个"最优"的问题。较高级的机器人可以用人工智能的方法，用计算机建立庞大的信息库，借助信息库进行控制、决策、管理和操作。根据传感器和模式识别的方法获得对象及环境的工况，按照给定的指标要求，自动地选择最佳的控制规律。

总的来说，机器人控制系统是一个与运动学和动力学原理密切相关的、具有耦合非线性的多变量控制系统。由于它的特殊性，经典控制理论和现代控制理论都不能照搬使用。到目前为止，机器人控制理论还是不完整、不系统的。

5.1.4　控制系统基本结构

一个典型的机器人控制系统，主要由上位计算机、运动控制器、驱动器、电动机、执行机构和反馈装置构成，如图 5-6 所示。

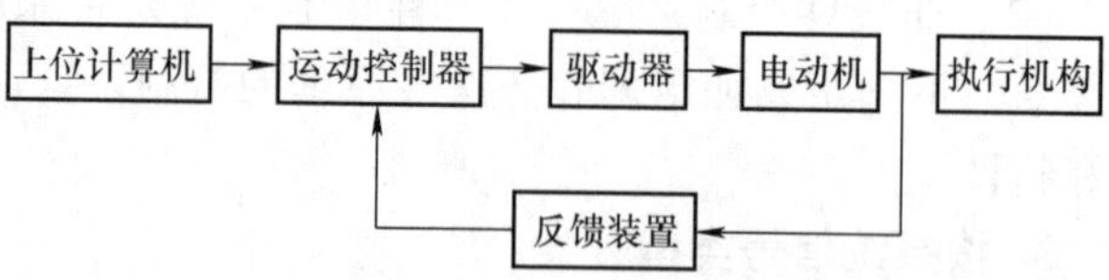

图 5-6　机器人控制系统基本结构

1. 上位计算机

上位计算机负责整个系统管理，以及实现对机器人运动特性的计算、机器人各关节的运动、轨迹规划和机器人与外界环境的信息交换等功能，协调着整个系统的运作。

2. 运动控制器

运动控制器主要负责上位计算机的数据和伺服反馈的数据处理，将处理后的数据传送给驱动器，从而实现机器人各关节的伺服控制，获得机器人内部的运动状态参数等功能。

3. 驱动器

驱动器是用来控制伺服电动机的一种控制器，其作用类似于变频器作用于普通交流电动机，属于伺服系统的一部分，用于控制伺服电动机的运动特性。

4. 电动机

伺服电动机是一种数字化控制的电动机，能够将电能转换为机械能，用于机器人机械臂的定位控制。

5. 执行机构

执行机构是用于实现具体任务的作业装置。

6. 反馈装置

反馈装置即检测装置，用于检测机器人系统信号偏差及对象特性的变化，并依此来控制机器人系统行为及消除误差。

5.2 机器人控制方法

5.2.1 经典控制方法

机器人通常是由多个关节构成的，而机器人的控制必须基于系统的动力学模型。机器人的动力学模型可描述为

$$\begin{cases} F_i = \dfrac{\mathrm{d}}{\mathrm{d}t}\dfrac{\partial L}{\partial \dot{q}_i} - \dfrac{\partial L}{\partial q_i}\ (i = 1,\ 2,\ \cdots,\ n) \\ \boldsymbol{\tau} = \boldsymbol{D}(q)\,\ddot{q} + \boldsymbol{H}(q,\dot{q}) + \boldsymbol{G}(q) \end{cases} \tag{5-1}$$

18. 经典控制方法

式中，L 是拉格朗日函数；τ 是关节驱动力；n 是机器人连杆数目；q_i 是系统选定的广义坐标；$\boldsymbol{D}(q)$ 是 $n \times n$ 的正定对称矩阵，称为系统的惯量矩阵；$\boldsymbol{H}(q,\dot{q})$ 是 $n \times 1$ 的离心力和科里奥利力矢量；$\boldsymbol{G}(q)$ 是 $n \times 1$ 的重力矢量。

由机器人动力学模型可知，机器人的控制系统非常复杂，是一个多变量非线性耦合系统。对于此类系统，其控制策略并没有一个准确的控制方法，因为机器人的各控制参数相互耦合，并且机器人的动力学参数随着机器人的运动而不断变化。

对于目前现有的机器人，大多数采用的机械结构具有一个特点，即动力学的惯量矩阵是一个对角占优矩阵，并且假定机器人在平衡点附近角度变化较小。这样可对机器人的动力学模型进行解耦，进行独立关节的 PID 控制，实验证明采用这样的简化过程是可行的。

1. PID 控制器

PID 控制器由 P（比例控制）、I（积分控制）和 D（微分控制）3 个环节组成，其一般是放在负反馈系统的前向通道，与控制对象串联，可以看成是一个串联校正装置。从校正装置输入输出的数学关系把串联校正分为比例校正（P）、积分校正（I）、微分校正（D）、比例积分校正（PI）、比例微分校正（PD）和比例积分微分校正（PID）等。

PID 控制是一种对偏差 $e(t)$ 进行比例、积分和微分变换后形成的一种控制规律，即

$$e(t) = r(t) - y(t) \tag{5-2}$$

$$u(t) = K_{\mathrm{P}}\left[e(t) + \frac{1}{T_{\mathrm{I}}}\int_0^1 e(t)\,\mathrm{d}t + T_{\mathrm{D}}\frac{\mathrm{d}e(t)}{\mathrm{d}t}\right] \tag{5-3}$$

93

式中，K_P是比例系数；T_I是积分时间常数；T_D是微分时间常数。

比例控制项与积分、微分控制项可进行不同组合，常用的有 PD、PI 和 PID3 种，用于控制系统的串联校正环节。其中，PID 控制器能够结合 PD 和 PI 的优点，得到较完善的控制效果。PID 控制器传递函数框图如图 5-7 所示。PID 控制器的传递函数为

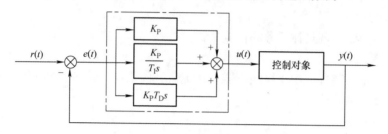

图 5-7　PID 控制器传递函数框图

$$G(s) = K_P\left(1 + \frac{1}{T_I}s + T_D s\right) \tag{5-4}$$

一般来说，PID 控制器的控制作用主要体现在以下几个方面。

（1）比例系数 K_P 决定着控制作用的强弱　加大 K_P 可以减小控制系统的稳态误差，提高系统的动态响应速度，但 K_P 过大会导致动态质量变坏，引起控制量振荡，甚至会使闭环控制系统不稳定。

（2）积分时间常数 T_I 可以削弱控制系统的稳态误差　只要存在偏差，积分所产生的控制量就会用来消除稳态误差，直到误差消除。但是积分控制会使系统的动态过程变慢，并且过强的积分作用使控制系统的超调量增大，从而使控制系统的稳定性变差。

（3）微分时间常数 T_D 的控制作用与系统偏差的变化速度有关　微分控制能够预测偏差，产生超前的校正作用，进而减小超调，克服振荡，并加快系统的响应速度，缩短调整时间，改善系统的动态性能。

2. 伺服控制系统

伺服控制系统是使物体的位置、方位、状态等被控制量能够跟随输入目标（或给定值）任意变化的自动控制系统。

它的主要任务是按控制命令的要求，对功率进行放大、变换与调控等处理，使驱动装置输出的力矩、速度和位置都能得到灵活方便地控制。伺服控制系统是具有反馈的闭环自动控制系统，其结构组成与其他形式的反馈控制系统没有原则上的区别。

伺服控制系统作为机器人的底层控制器，通过传感器取得的反馈信号与来自给定装置的综合信号比较后，得到误差信号，经过放大后用以激发机器人的驱动装置，进而带动机器人的机械臂以一定规律运动。

根据机器人的作业任务，目前机器人的伺服控制模式主要有转矩控制、速度控制和位置控制 3 种。

（1）转矩控制　转矩控制模式是对电动机的转矩控制，为此可在机器人关节轴上安装转矩传感器，以构成一个闭环反馈系统，如图 5-8 所示。

假设 K_T 是电动机的转矩系数，T^* 是电动机期望转矩，那么控制系统中电动机期望电流 i^* 为

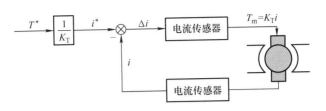

图5-8　转矩控制原理结构图

$$i^* = \frac{T^*}{K_T} \tag{5-5}$$

如果使电动机的实际电流 i 与期望电流 i^* 一致，那么电动机就能够产生与期望转矩 T^* 相同的转矩。因此在图5-8所示的控制系统中，可以对电流传感器采样得到的实际电动机电流 i 进行比较，得到电流误差为

$$\Delta i = i^* - i \tag{5-6}$$

将 Δi 作为控制系统的输入量，通过 PID 控制器进行电动机的电流闭环控制，从而完成机器人的转矩控制。

（2）速度控制　速度控制是使电动机的旋转速度趋于速度期望值，当忽略机器人系统的摩擦和阻尼等因素时，电动机的加速或减速是通过电动机的输出转矩实现的，因此速度控制环应配置在转矩控制环的外侧，如图5-9所示。

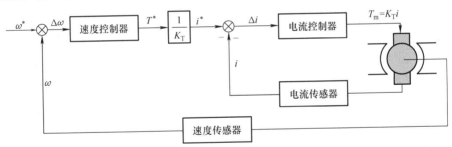

图5-9　速度控制原理结构图

速度控制系统需要检测机器人的关节电动机运动速度，常用的速度传感器为编码器。通过速度传感器得到的电动机旋转速度与指令速度 ω^* 进行比较，将得到的速度差 $\Delta\omega$ 用于速度控制部分，并且通过转矩指令 T^* 调整电动机的实际速度，使其与指令速度相一致。

目前速度控制器常用的控制是 PI 控制，即

$$T^* = K_P\Delta\omega + K_I\int\Delta\omega\mathrm{d}t \tag{5-7}$$

通过式（5-7）的控制方式，可得到机器人的电动机控制转矩，通过 K_P 和 K_I 的选择可得到系统所希望的速度控制响应。

（3）位置控制　机器人通过电动机的旋转实现其位置的变化。如果把机器人的运动折算到关节的电动机轴上，那么机器人的运动角度 θ 可以通过电动机的转速积分或者电动机的编码器得到。

因此，为了使实际位置 θ 跟踪目标位置 θ^*，应当根据 θ 和 θ^* 的位置差 $\Delta\theta$ 对电动机的

速度 ω^* 进行调整，如图 5-10 所示。

在图 5-10 中，将电动机期望位置和实际位置的差，通过位置控制器产生速度控制指令，构成图 5-9 所示的速度控制系统的输入。在位置控制器中，一般通过比例控制方法得到速度控制指令，其形式为

$$\omega^* = K_P \Delta\theta \tag{5-8}$$

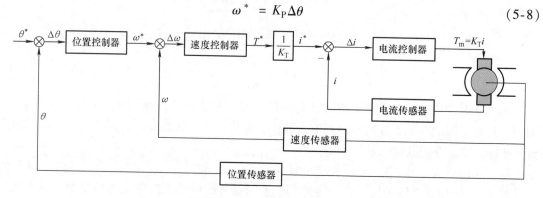

图 5-10　位置控制原理结构图

在上述 3 种控制模式中，机器人最常用的是位置控制模式，在控制结构中相应存在电流环、速度环和位置环，电流环和速度环作为位置控制模式的内环，从而可以保证机器人运动的力、速度和位置的稳定。

5.2.2　现代控制方法

机器人的经典控制方法是基于机器人的动力学简化结果，可以采用线性系统理论设计控制算法。但是，机器人的动力学模型毕竟是一个非线性耦合系统，目前机器人的现代控制方法主要有变结构控制、模糊控制和自适应控制等。

19. 现代控制方法

1. 变结构控制

变结构控制通常是在系统中选取一定数量的切换函数，当系统状态到达该函数所代表的空间曲面时，控制规律自动从此时的结构转换为另一个确定的结构。最常用的变结构控制方法为滑模变结构控制，此时在确定切换函数 $S(x)$ 后，通过选择合适的控制输入量，使 $S(x)=0$ 及其附近形成一个对于系统运动的"吸引"区，令系统状态在一定时间内运动到该切换函数上，并沿其运动到平衡状态，此时系统的这种运动状态称为滑动模态，$S(x)=0$ 称为滑模面方程，这个区域称为滑动模态区，如图 5-11 所示。

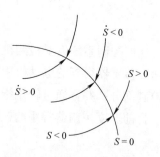

图 5-11　滑模变结构控制示意图

滑模控制方法与一些其他控制方式相比，其最重要一个优点是滑动模不变性带来的系统强鲁棒性。在滑模面 $S(x)$ 确定后，滑动模态就只决定于 $S(x)$，而与系统状态无关，任何摄动和干扰都不能对 $S(x)$ 的数学方程带来影响，也就是说一旦进入了滑动模态，系统将具有完全的鲁棒性，使得滑模控制器具有良好的抗干扰能力，对参数变化及扰动不灵敏等。

滑模变结构控制本质上是一类特殊的非线性控制，其非线性表现为控制的不连续性，可

以在动态过程中根据系统当前的状态不断调整，迫使系统按照预定"滑动模态"的状态轨迹运动。该方法的缺点在于当状态轨迹到达滑模面后，难于严格地沿着滑模面向着平衡点滑动，而是在滑模面两侧来回穿越，从而产生抖振现象。目前已有许多方法来处理抖振问题，如使用观测器、符号函数连续化和高阶滑模控制等方法。

机器人的变结构控制原理图如图 5-12 所示。

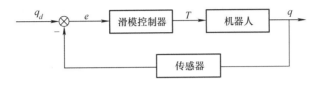

图 5-12　机器人的变结构控制原理图

在图 5-12 中，q_d 是机器人位置指令；q 是机器人实际位置；T 是机器人转矩指令；$e = q_d - q$ 是机器人滑模控制切换面变量。根据式（5-1）的机器人动力学模型，机器人的滑模面常取为

$$\boldsymbol{S} = (S_1\ S_2 \cdots S_n)^{\mathrm{T}} = \dot{\boldsymbol{E}} + \boldsymbol{H}\boldsymbol{E} \tag{5-9}$$

式中，$\boldsymbol{E} = (e_1\ e_2 \cdots e_n)^{\mathrm{T}}$，$\boldsymbol{H} = \mathbf{diag}(h_1\ h_2 \cdots h_n)$。在滑模曲线 $\boldsymbol{S}$ 确定后，基于系统的动力学模型，根据李雅普诺夫稳定性定理设计机器人的控制转矩 T，从而完成机器人的变结构控制。但是，由于机器人的动力学方程形式复杂，影响因素很多，是一个强耦合的系统，有限的测试手段不可能完成所有的参数辨识过程，难以建立起准确的数学模型，因此还需要进一步结合其他控制方法进行研究。

2. 模糊控制

模糊控制是以模糊集理论、模糊语言变量和模糊逻辑推理为基础的一种智能控制方法，是用模糊数字的知识模仿人脑的思维方式，对模糊现象进行识别和判决，给出精确的控制量，对控制对象进行控制。

模糊控制器的基本结构由 4 个重要部件组成，即知识库、模糊化接口、推理单元和模糊判决接口，如图 5-13 所示。

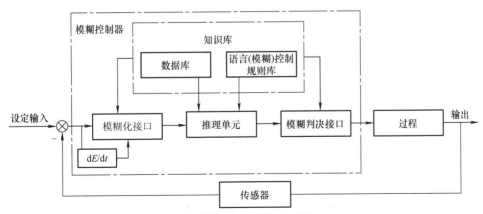

图 5-13　模糊控制器框图

（1）知识库　知识库涉及应用领域和控制目标的相关知识，其由数据库和语言（模糊）

控制规则库组成。语言（模糊）控制规则库标记控制目标和领域专家的控制策略，而数据库则定义隶属函数、尺度变换因子及模糊分级数等。

（2）模糊化接口　模糊化接口用于测量输入变量（设定输入）和受控系统的输出变量，并把它们映射到一个合适单元，然后将精确的输入数据变换成适当的语言值或模糊集合的标识符。

（3）推理单元　推理单元是模糊控制系统的核心，以模糊概念为基础，模糊控制信息可通过模糊逻辑的推理规则来获取，并可实现拟人决策过程。根据模糊输入和模糊控制规则，模糊推理求解模糊关系方程，获得模糊输出。

（4）模糊判决接口　模糊判决接口起到模糊控制的推断作用，将模糊的输出结果转换为精确的或非模糊的输出，从而实现精确控制作用。

模糊控制的基本思想为：首先根据操作人员手动控制的经验，总结出一套完整的控制规则，再根据系统当前的运行状态，经过模糊推理、模糊判决等运算，求出控制量，实现对控制对象的控制。

与经典控制理论和现代控制理论相比，模糊控制的主要特点如下。

1）控制器的设计主要依据操作人员的控制经验总结，不需要建立控制对象的精确数学模型。

2）具有较强的鲁棒性，控制器输入参数在一定范围变化时，其模糊化后的语言变量可能相同，因此控制器对参数变化不是非常敏感，可用于解决传统控制较难发挥作用的非线性、时变和时滞等问题。

3）模糊推理单元的输入量为语言变量，易于构成专家系统。

4）推理过程模仿人的处理问题方式，采用成熟、合适的推理规则后，能够处理一些复杂的系统。

5）模糊规则一般采用离线编程，不需要在线生成，控制器作用时采用查询方式提取模糊规则，可提高控制器的实时性，拓展其应用范围。

6）可与其他多种传统或智能控制方法相结合，如结合变结构控制、PID 控制等，构成复合的、更加强大的控制器。

由此可见，模糊控制器具有逻辑推理能力，只要建立较好的专家知识库，就能取得较好的控制效果。

3. 自适应控制

当机器人的工作环境及工作目标的性质和特征在工作过程中随时间发生变化时，控制系统的特性具有未知性。这种未知因素和不确定性，将使控制系统的性能变差，不能满足控制要求。要解决这类问题，要求控制器能在运行过程中不断测量控制对象的特性，并根据当前系统特性，使系统能够自动地按闭环控制方式实现最优控制。

自适应控制器具有感觉装置，能够在不完全确定和局部变化的环境中，保持与环境的自适应，并以各种搜索与自动引导方式执行不同的操作。自适应控制主要有 2 种结构，即模型参考自适应控制和自校正自适应控制。

（1）模型参考自适应控制　模型参考自适应控制系统一般由 4 个部分组成，即控制对象、控制器、目标模型及自适应机构。它们通过双环（内环和外环）的形式进行作用。控制器和控制对象组成可以调节的内环，而目标模型和自适应机构构成外环。

该控制方法在一般反馈、补偿及最优控制的基础上做了一定的改进，添加了参考模型以及控制器自身参数调节回路，如图5-14a所示。这样可以保证由于被控目标自身特性发生变化或是外界扰动过大产生的控制误差能够被实时监测和控制。参考模型也会不断优化和精确，受控目标的输出与参考模型的输出也会越来越吻合，即与人们期望的输出相一致。

（2）自校正自适应控制　自校正自适应控制和模型参考自适应控制相似，都是双环结构。自校正自适应控制的外环由参数估计器和控制器设计计算机构组成，而其内环和模型参考自适应控制系统有一样的构成，而且都是可调可变的，外环的差别会使得它们在控制原理上存在不小的差别，如图5-14b所示。

自校正自适应控制的基本原理是通过参数估计器接受控制对象的输入输出信息，同时也会对控制对象的参数进行估计，然后根据这些信息设计一定的控制算法，通过控制器的作用，不断地实行最优化处理。自校正自适应系统中的参数估计和控制算法设计是其控制过程中的关键，也是控制效果的主要决定因素。目前采用最多的估计为最小二乘法估计，是按照最小方差的形式形成控制作用。

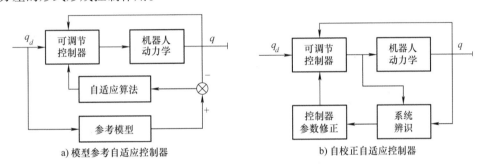

a) 模型参考自适应控制器　　　　　b) 自校正自适应控制器

图5-14　机器人的自适应控制结构图

在以上几种非线性控制方法的基础上，还有其他多种智能控制方法，如鲁棒控制、模糊变结构控制、自适应变结构控制和模糊自适应控制等。

5.3 伺服电动机控制

在前面的3.1.2节已经介绍过同步型交流伺服电动机的基本结构和工作原理，本节主要介绍伺服电动机的控制及其应用，从而了解机器人关节运动的底层控制原理。

20. 伺服电动机控制

5.3.1 伺服电动机控制系统组成

伺服电动机的伺服控制系统如图5-15所示。其中，θ_1是运动控制的输入，θ_f是位置检测元件反馈信号，控制器输出i_d给伺服驱动器，伺服驱动器输出可控电压u_1给永磁同步电动机（PMSM），然后位置传感器BQ把执行情况反馈给控制器。

其中，位置检测元件最常用的是旋转式光电编码器，一般安装在电动机轴的后端部，用于通过检测脉冲来计算电动机的转速和位置。

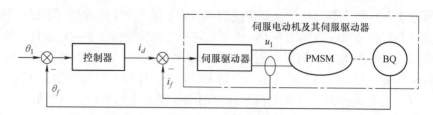

图 5-15 伺服电动机的伺服控制系统

5.3.2 伺服控制应用

伺服驱动器作为一种标准商品，已经得到了广泛应用。目前，生产各种伺服电动机和配套伺服驱动器的公司有很多，如德国的力士乐、西门子，日本的三菱、YASKAWA、松下、欧姆龙、富士，韩国的 LG 等。由于伺服驱动器是与伺服电动机配套使用的，因此在选型时要注意：伺服驱动器自身的规格、型号与工作电压是否与所选的伺服电动机型号、工作电压、额定功率、额定转速和编码器规格相匹配。

本节以富士 GYB201D5 - RC2 - B 型伺服电动机和 RYH201F5 - VV2 型伺服驱动器为例介绍其控制及应用，如图 5-16 所示。

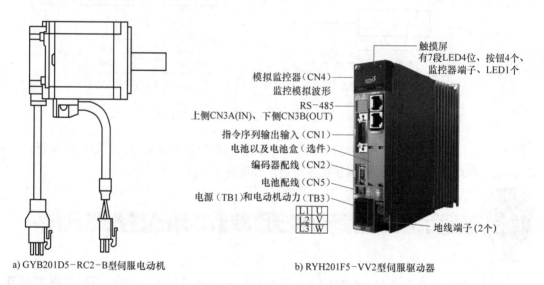

a) GYB201D5-RC2-B型伺服电动机   b) RYH201F5-VV2型伺服驱动器

图 5-16 富士伺服电动机及其伺服驱动器

1. 伺服电动机控制系统的连接

伺服驱动器的使用可参阅具体所选产品的使用手册。伺服电动机控制系统的连接包括电源连接、伺服电动机连接、输入输出信号连接，如图 5-17 所示。富士伺服驱动器连接图如图 5-18 所示。

2. 伺服控制方式

伺服驱动器的控制方式分为位置控制、速度控制和转矩控制 3 种形式。在实际运用中，需要根据实际需求进行选择。

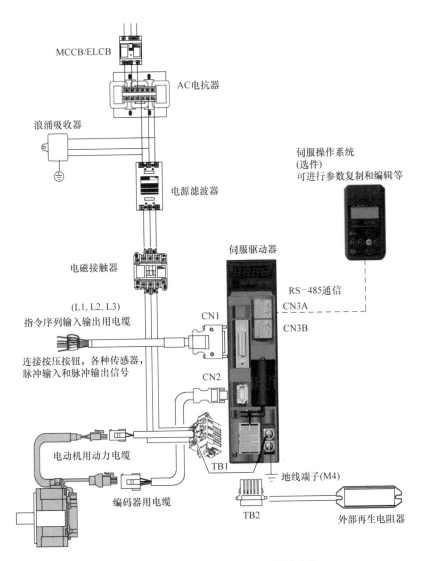

图5-17　富士伺服电动机控制系统的连接

（1）位置控制　位置控制是根据伺服驱动器的脉冲列的输入控制轴的旋转位置，其输入形态有3种，即指令脉冲/指令符号、正转脉冲/反转脉冲、90°相位差2信号。在实际运用中，需要根据实际需求选择合适的配线方式。

1）配线。

① 差动输入。不使用PPI端子，如图5-19所示。

② 集电极开路输入（DC 24V）。使用PPI端子，此时不可进行CA和CB的配线，与上位的配线长度需控制在2m以下，如图5-20所示。

③ 集电极开路输入（DC 12V）。不使用PPI端子，使用电阻器进行配线，与上位的配线长度需控制在2m以下，如图5-21所示。

2）脉冲控制参数设定。对照上位脉冲发生器的脉冲列形态，根据要求设定参数。脉冲控制参数设定见表5-1。

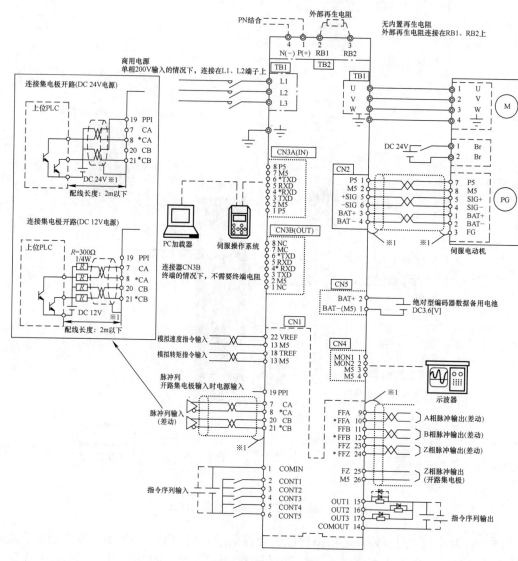

图 5-18　富士伺服驱动器基本连接图

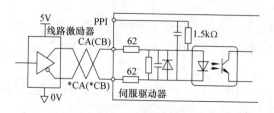

图 5-19　差动输入

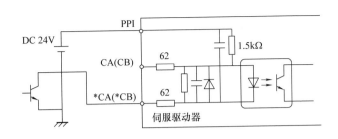

图 5-20   集电极开路输入（DC 24V）

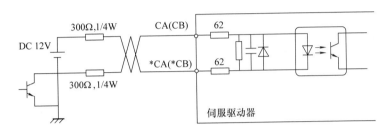

图 5-21   集电极开路输入（DC 12V）

表 5-1   脉冲控制参数设定

编号	名称	设定范围	初始值
PA1 _ 01	控制模式选择	0：位置　　　1：速度　　2：转矩 3：位置⇔速度 4：位置⇔转矩 5：速度⇔转矩 6：扩展模式　7：定位运行	0
PA1 _ 02	INC/ABS 系统选择	0：INC　　1：ABS　　2：无限长 ABS	0
PA1 _ 03	指令脉冲输入 方式、形态设定	0：差动、指令脉冲/指令符号 1：差动、正转脉冲/反转脉冲 2：差动、90°相位差两路信号 10：集电极开路、指令脉冲/指令符号 11：集电极开路、正转脉冲/反转脉冲 12：集电极开路、90°相位差两路信号	1
PA1 _ 04	运转方向切换	0：正转指令 CCW 方向 1：正转指令 CW 方向	0
PA1 _ 05	每旋转 1 周的指令 输入脉冲数	0：电子齿轮比有效（PA1 _ 06/07） 64 ~ 1048576：本参数设定有效	0
PA1 _ 06	电子齿轮分子 0	1 ~ 4194304	16
PA1 _ 07	电子齿轮分母	1 ~ 4194304	1

（2）速度控制　速度控制就是根据伺服驱动器速度指令电压的输入或参数设定，控制轴的转速，参数 PA1 _ 01 =1 时，在 RDY 信号为 ON 的状态下变为速度控制。

通过模拟指令进行速度控制时使用 VREF 端子，如图 5-22 所示。

（3）转矩控制　转矩控制就是根据伺服驱动器转矩指令电压的输入或参数设定，控制轴的转矩。

通过模拟指令进行转矩控制时使用 TREF 端子，如图 5-23 所示。

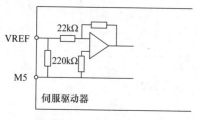

图 5-22　速度控制配线

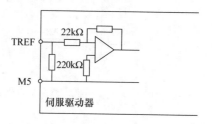

图 5-23　转矩控制配线

3. 参数配置

在不同控制方式下需要配置不同的参数。例如在 ALPHA5 Smart 伺服驱动器中，按照功能类别对参数分为以下的设定项目，见表 5-2。

表 5-2　伺服参数分类

序号	设定项目	功　　能
1	基本设定参数 （No. PA1 _ 01 ~ 50）	在运行时必须要进行确认、设定的参数
2	控制增益、滤波器设定参数 （No. PA1 _ 51 ~ 99）	在用手动对增益进行调整时使用
3	自动运行设定参数 （No. PA2 _ 01 ~ 50）	在对定位运行速度以及原点复归功能进行设定、变更时使用
4	扩展功能设定参数 （No. PA2 _ 51 ~ 99）	在对转矩限制等扩展功能进行设定、变更时使用
5	输入端子功能设定参数 （No. PA3 _ 01 ~ 50）	在对伺服驱动器的输入信号进行设定、变更时使用
6	输出端子功能设定参数 （No. PA3 _ 51 ~ 99）	在对伺服驱动器的输出信号进行设定、变更时使用

（1）输入信号配置

1）配线。指令序列控制用输入端子，对应漏输入/源输入，需要在 DC 12V ~ DC 24V 范围内使用，如图 5-24 所示。

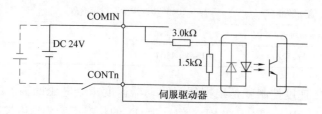

图 5-24　输入端子配线

2）参数设定。分配在指令序列输入端子上的信号，用参数进行设定，见表5-3。

表5-3　输入信号一览

编号	名称	设定范围	默认值	变更
PA3_01	CONT1 信号分配		1	
PA3_02	CONT2 信号分配		11	
PA3_03	CONT3 信号分配	1~78	0	电源
PA3_04	CONT4 信号分配		0	
PA3_05	CONT5 信号分配		0	

指令序列输入信号见表5-4。

表5-4　指令序列输入信号

编号	功能	编号	功能	编号	功能
1	伺服 ON［S-ON］	24	电子齿轮分子选择0	47	调程8
2	正转指令［FWD］	25	电子齿轮分子选择1	48	中断输入有效
3	反转指令［REV］	26	禁止指令脉冲	49	中断输入
4	自动起动［START］	27	指令脉冲比率1	50	偏差清除
5	原点复归［ORG］	28	指令脉冲比率2	51	多级速选择1［X1］
6	原点 LS［LS］	29	P 动作	52	多级速选择2［X2］
7	+ OT	31	临时停止	53	多级速选择3［X3］
8	– OT	32	定位取消	54	自由运转
10	强制停止［EMG］	34	外部再生电阻过热	55	编辑许可指令
11	报警复位［RST］	35	示教	57	反谐振频率选择0
14	ACC0	36	控制模式切换	58	反谐振频率选择1
16	位置预置	37	位置控制	60	AD0
17	切换伺服响应	38	转矩控制	61	AD1
19	转矩限制0	43	调程有效	62	AD2
20	转矩限制1	44	调程1	63	AD3
22	立即值继续指令	45	调程2	77	定位数据选择
23	立即值变更指令	46	调程4	78	广播取消

（2）输出信号配置

1）配线。指令序列控制用输出端子，对应漏输入/源输入，需要在 DC 12V~DC 24V 范围内使用，如图5-25 所示。

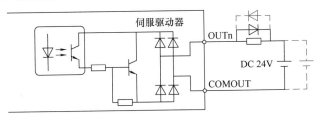

图5-25　输出端子配线

2）参数设定。分配在指令序列输出端子上的信号，用参数进行设定，见表5-5。

表5-5 输出信号一览

编号	名称	设定范围	默认值	变更
PA3 _51	OUT1 信号分配		1	
PA3 _52	OUT2 信号分配	1～95	2	电源
PA3 _53	OUT3 信号分配		76	

指令序列输出信号见表5-6。

表5-6 指令序列输出信号

编号	功能	编号	功能	编号	功能
1	运行准备结束［RDY］	29	编辑许可响应	64	MD4
2	定位结束［INP］	30	数据错误	65	MD5
11	速度限制检测	31	地址错误	66	MD6
13	改写结束	32	报警代码0	67	MD7
14	制动器时机	33	报警代码1	75	位置预置结束
16	报警检测（a接）	34	报警代码2	76	报警检测（b接）
17	定点、通过点1	35	报警代码3	79	立即值继续许可
18	定点、通过点2	36	报警代码4	80	继续设定结束
19	限制器检测	38	＋OT 检测	81	变更设定结束
20	OT 检测	39	－OT 检测	82	指令定位结束
21	检测循环结束	40	原点 LS 检测	83	位置范围1
22	原点复归结束	41	强制停止检测	84	位置范围2
23	偏差零	45	电池警告	85	中断定位检测
24	速度零	46	使用寿命预报	91	CONTa 通过
25	速度到达	60	MD0	92	CONTb 通过
26	转矩限制检测	61	MD1	93	CONTc 通过
27	过载预报	62	MD2	94	CONTd 通过
28	伺服准备就绪	63	MD3	95	CONTe 通过

根据控制方式，配置完相关参数之后，就可以根据需要进行伺服电动机的控制和使用。

思　考　题

1. 工业机器人控制系统的作用是什么？
2. 控制系统的基本要求主要有哪几个方面？
3. 概述闭环控制系统的优点和缺点。
4. 工业机器人控制系统具有哪些特点？
5. PID 控制器的控制作用主要体现在哪几个方面？
6. 目前工业机器人的伺服控制方式主要有哪几种？
7. 富士伺服电动机控制系统的连接包括哪些？

第**6**章

hapter

ABB机器人编程及应用

　　瑞士的 ABB 公司作为国际工业机器人领域"四大家族"的成员，是世界上最大的机器人制造公司之一，1974 年研发了世界上第一台全电控式工业机器人 IRB6，主要应用于工件的取放和物料搬运。为了满足市场的需求，ABB 公司又推出了一系列工业机器人产品，如焊接机器人、装配机器人、涂装机器人等。目前，ABB 机器人产品包括通用 6 轴、DELTA、SCARA、4 轴码垛等多个构型，负载涵盖 0.5~800kg，其典型产品如图 6-1 所示。

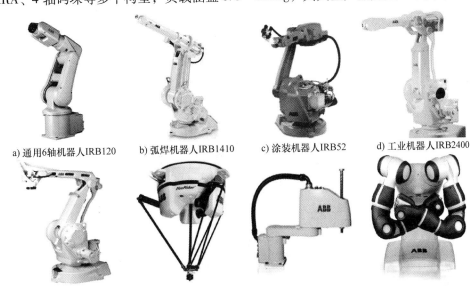

a) 通用6轴机器人IRB120　　b) 弧焊机器人IRB1410　　c) 涂装机器人IRB52　　d) 工业机器人IRB2400

e) 4轴机器人IRB260　　f) 并联机器人IRB360　　g) 水平关节机器人IRB910SC　h) 双臂协作机器人IRB14000

图 6-1　ABB 机器人典型产品

　　作为 ABB 迄今最小的多用途机器人，IRB120 在紧凑空间内凝聚了 ABB 产品系列的全部功能与技术，其质量减至仅 25kg，结构设计紧凑，几乎可安装在任何地方，内部配备轻型铝合金电动机，结构轻巧、功率强劲，可实现机器人高加速度运行，广泛适用于电子、食品饮料、机械、太阳能、制药、医疗、研究等领域。

由于 IRB120 机身小巧、价格低廉、性能稳定，常作为机器人教学用典型机型。因此本章以 ABB IRB120 为例进行相关介绍和应用分析。

6.1 机器人 IRB120 简介

IRB120 是 ABB 公司推出的最小和速度最快的 6 轴机器人，该机器人由 3 部分组成，即操作机、控制器和示教器，如图 6-2 所示。

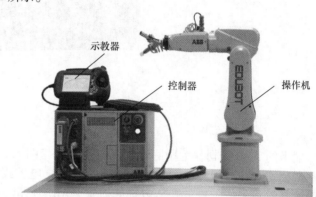

图 6-2　机器人 IRB120 组成结构图

21. 机器人 IRB 120 简介

6.1.1　操作机

IRB120 属于小型通用工业 6 轴机器人，其操作机主要由机械臂、驱动装置、传动装置和内部传感器组成。其中，机械臂主要包括基座、腰部、手臂（大臂和小臂）和手腕，如图 6-3 所示。图6-3中轴 1～轴 6 为机器人 IRB120 的 6 个轴，箭头表示该轴绕基准轴运动的正方向。

机械臂基座上包含动力电缆接口、编码器电缆接口，4路集成气源接口和 10 路集成信号接口，如图 6-4 所示。

轴 4 上包含 4 路集成气源

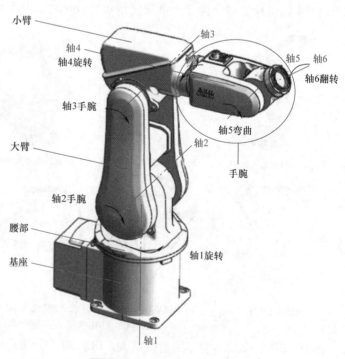

图 6-3　机器人 IRB120 的机械臂

108

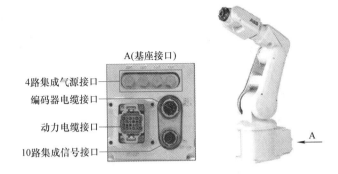

图 6-4 机器人 IRB120 基座接口

接口和 10 路集成信号接口，如图 6-5 所示。

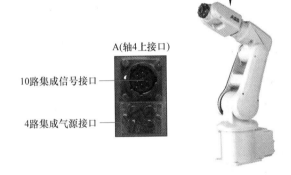

图 6-5 机器人 IRB120 轴 4 上接口

6.1.2 控制器

IRB120 控制器采用 ABB 最新紧凑型控制器 IRC5，其先进的动态建模技术以 QuickMove 和 TrueMove 运动控制为核心，赋予机器人 IRB120 较好的运动控制性能与路径精度，支持 RobotStudio 离线编程以及可在线监测状态的远程服务。

IRC5 控制器操作面板分为按钮面板、电缆接口面板、电源接口面板 3 部分，如图 6-6 所示。

IRC5 控制器操作面板说明见表 6-1。

图 6-6 IRC5 控制器

表 6-1 IRC5 控制器操作面板说明

面板	图片	说明
按钮面板		模式选择旋钮：用于切换机器人工作模式

（续）

面板	图片	说明
按钮面板		急停按钮：在任何工作模式下，按下急停按钮，机器人立即停止，无法运动
		上电/复位按钮：发生故障时，按下该按钮对控制器内部状态进行复位；在自动模式下，按下该按钮，机器人电动机上电，按键灯常亮
		制动闸按钮：机器人制动闸释放单元。通电状态下，按下该按钮，可用手旋转机器人任何一个轴运动
电缆接口面板		XS4：示教器电缆接口，连接机器人示教器
		XS41：外部轴电缆接口，连接外部轴电缆信号时使用
		XS2：编码器电缆接口，连接外部编码器
	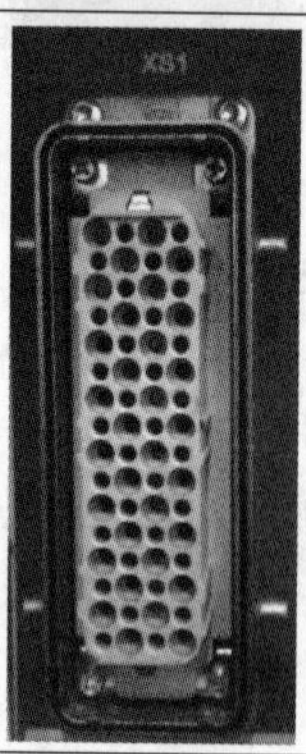	XS1：电动机动力电缆接口，连接机器人驱动器

（续）

面板	图片	说明
电源接口面板		XP0：电源电缆接口，用于给控制器供电
		电源开关：控制器电源开关。ON：开。OFF：关

6.1.3　示教器

1. 简介

机器人 IRB120 的示教器（FlexPendant）是一种手持式操作装置，由硬件和软件组成，其本身就是一套完整的计算机。它是机器人的人机交互接口，用于执行与操作机器人有关的任务，如运行程序、手动操作机器人、修改机器人程序等，也可用于备份与恢复、配置机器人、查看机器人系统信息等。示教器可在恶劣的工业环境下持续运作，其触摸屏易于清洁，且防水、防油。示教器规格见表6-2。

表 6-2　示教器规格

屏幕尺寸	6.5in（1in = 0.0254m）彩色触摸屏
屏幕分辨率	640×480
质量	1.0kg
按钮	12 个
语言种类	20 种
操作杆	支持
USB 内存支持	支持
紧急停止按钮	支持
是否配备触摸笔	是
支持左手与右手使用	支持

2. 外形结构

示教器的外形结构如图6-7所示，各按键功能如图6-8所示。

3. 正确手持姿势

操作机器人之前必须学会正确手持示教器。如图6-9所示，左手穿过固定带，将示教器放置在左手小臂上，然后用右手进行屏幕和按钮的操作。

4. 开机完成界面

系统开机完成后进入如图6-10所示界面。

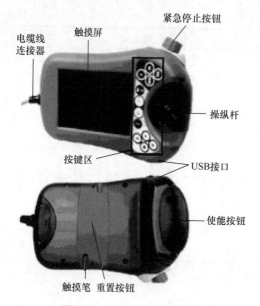

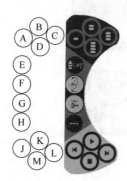

A～D：自定义按键
E：选择机械单元
F、G：选择操纵模式
H：切换增量
J：步退执行程序
K：执行程序
L：步进执行程序
M：停止执行程序

图6-7　示教器的外形结构　　　　图6-8　示教器各按键功能

图6-9　示教器正确的手持姿势

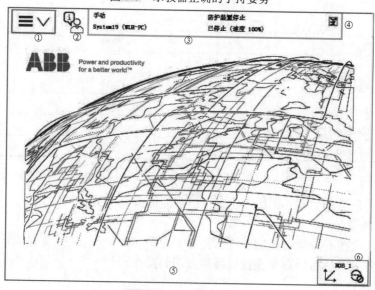

图6-10　开机完成界面

开机界面说明如下。

① 主菜单。显示机器人各个功能主菜单。

② 操作人员窗口。机器人与操作人员交互界面，显示当前状态信息。

③ 状态栏。显示机器人当前状态，如工作模式、电动机状态、报警信息等。

④ 关闭按钮。关闭当前窗口按钮。

⑤ 任务栏。当前界面打开的任务列表。

⑥ 快速设置菜单。快速设置机器人功能画面，如速度、运行模式、增量等。

5. 主菜单界面

示教器主菜单界面如图 6-11 所示。

图 6-11　示教器主菜单界面

① HotEdit。用于对编写的程序中点做一定补偿。

② 输入输出。用于查看并操作 I/O 信号。

③ 手动操纵。查看并配置手动操作属性。

④ 自动生产窗口。机器人自动运行时显示程序画面。

⑤ 程序编辑器。对机器人进行编程和调试。

⑥ 程序数据。查看机器人并配置变量数据。

⑦ 备份与恢复。对系统数据进行备份与恢复。

⑧ 校准。用于机器人机械零点校准。

⑨ 控制面板。对机器人系统参数进行配置。

⑩ 事件日志。查看系统所有事件。

⑪ FlexPendant 资源管理器。对系统资源、备份文件等进行管理。

⑫ 系统信息。控制器属性以及硬件和软件等信息。

⑬ 注销。退出当前用户权限。

⑭ 重新启动。重新启动机器人系统。

6. 主要功能

示教器的主要功能是处理与机器人系统相关的操作，具体如下。

1）运行程序。

2）控制机器人本体。

3）修改机器人程序。

6.1.4 主要技术参数

机器人 IRB120 的主要技术参数见表 6-3。

表 6-3 机器人 **IRB120** 的主要技术参数

规格			
型号	工作范围	额定负载	手臂荷重
IRB120	580mm	3kg	0.3kg
特性			
集成信号源	手腕设 10 路信号		
集成气源	手腕设 4 路空气（5×10^5Pa）		
重复定位精度	±0.01mm		
机器人安装	任意角度		
防护等级	IP30		
控制器	IRC5 紧凑型		
运动			
轴运动	工作范围		最大速度
轴 1 旋转	+165° ~ -165°		250°/s
轴 2 手臂	+110° ~ -110°		250°/s
轴 3 手腕	+70° ~ -90°		250°/s
轴 4 旋转	+160° ~ -160°		320°/s
轴 5 弯曲	+120° ~ -120°		320°/s
轴 6 翻转	+400° ~ -400°		420°/s

注：手臂荷重是小臂上安装设备的最大总质量。表中指机器人 IRB120 小臂安装设备的总质量不能超过 0.3kg。

6.2 实训环境

本书采用机器人 IRB120 搭载 HRG – HD1XKA 型工业机器人技能考核实训台来学习 ABB 机器人基本操作与应用，如图 6-12 所示。

HRG – HD1XKA 型工业机器人技能考核实训台以机器人 IRB120 为核心，结合丰富的周边自动化机构，可以实现机器人基础教学、涂胶、激光雕刻、搬运等常用工业应用教学。系统采用模块化设计，具有兼容性、通用性和易扩展性等特点。

22. ABB 机器人实训环境

本实训台独有扇形底板设计，可以搭载各类机器人、各种通用实训模块（表 6-4）并兼容工业领域各类应用，对于不同的要求可以搭载不同的配置，易扩展，方便后期搭载更高配置。此外它还配置有主控接线板、触摸屏、PLC 控制器等部件。实训台涵盖了各种实训项

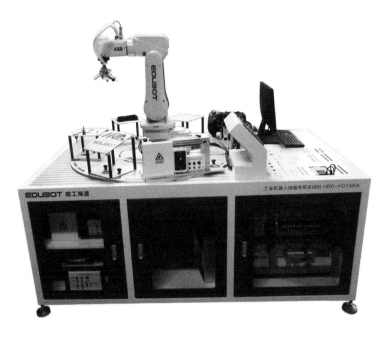

图 6-12　实训环境

目：激光雕刻实训项目、搬运实训项目、工件焊接实训项目、物料装配实训项目、玻璃涂胶实训项目、码垛实训项目、打磨实训项目、输送带搬运实训项目等。

表 6-4　通用实训模块

序号	模块编号	模块名称	图示	功能说明
1	M01	基础模块		模块面板包含圆形槽、方形槽、正六边形槽、三角形槽、样条曲线槽以及 OXY 坐标系；用夹具沿前述各特征形状走轨迹，以达到简单轨迹示教的训练
2	M02	激光雕刻模块		夹具沿着面板的痕迹运行，固定的雕刻顶板与实训台面成一定角度，凸显 6 轴机器人进行工件坐标系标定时与其他模块的工件坐标系标定操作有所区别；激光雕刻夹具是由套筒固定的激光头组成，在机器人控制下沿着面板的痕迹运行全程，以模拟激光雕刻的动作
3	M03	模拟焊接模块		焊接演示工件为由薄板点焊而成的焊接件。焊接夹具沿着外缝进行各种焊接动作和姿态的演示，在转角位置点处理好枪姿变化（平角焊的直线段枪姿不要变，应在圆弧段的示教点匀速变换枪姿）

（续）

序号	模块编号	模块名称	图示	功能说明
4	M04	搬运模块		模块面板上有9个（3行3列）孔槽，各孔槽均有位置标号，演示工件为圆饼工件。将圆饼置于面板随机6个孔槽中，搬运夹具将其夹起搬运至另一指定孔槽中。由排列组合可知有多种搬运轨迹
5	M05	异步输送带模块		上电后，输送带转动，搬运夹具从料仓上夹取尼龙圆柱工件，放至输送带一端。输送带运行送至另一端，端部单射光电开关感应到并反馈，机器人收到反馈夹取工件放至料仓另一位置 输送带为异步电动机驱动，传动方式可采取同步带或链轮传动。电气接线采用快插式，所有的线缆集成到一面板上，面板用香蕉插座，根据输送带驱动方式选择相应香蕉插座接线

6.3　操作及编程

6.3.1　手动操作

手动操作机器人时，机器人有3种运动模式可供选择，分别为单轴运动、线性运动和重定位运动。

（1）单轴运动　用于控制机器人各轴单独运动，方便调整机器人的位姿。

23. ABB 机器人手动操作

（2）线性运动　用于控制机器人在选择的坐标系空间中进行直线运动，便于调整机器人的位置。

（3）重定位运动　用于控制机器人绕选定的工具坐标系进行旋转，便于调整机器人的姿态。

下面逐一介绍这三种运动模式的具体操作步骤。

1. 单轴运动

一般来说，6轴机器人是由6个伺服电动机分别驱动机器人的6个关节轴，每次手动操作一个关节轴的运动，称为单轴运动。手动操作单轴运动的步骤如下。

1）将控制器上模式选择旋钮切换至"手动模式"，如图6-13所示。在状态栏中，确认机器人的状态已切换至"手动"。

2）在示教器主菜单中选择"手动操纵"选项，如图6-14所示。

3）选择"动作模式"选项，如图6-15所示。

图 6-13　模式选择

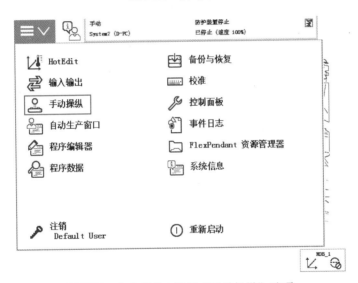

图 6-14　在主菜单中选择"手动操纵"选项

4）选择"轴 4 – 6"选项，单击"确定"按钮，如图 6-16 所示。

图 6-15　选择"动作模式"选项

图 6-16　选择"轴 4 – 6"选项

117

另外，选择"轴 1 – 3"选项可以操作"轴 1 – 3"。

5）半按住示教器的使能按钮不放，如图 6-17 所示，进入"电机⊖开启"状态。

6）在状态栏中，确认"电机开启"状态，如图 6-18 所示。其中，"操纵杆方向"选项组中显示"轴 4 – 6"的操纵方向，箭头代表轴运动的正方向。

图 6-17 半按住使能按钮

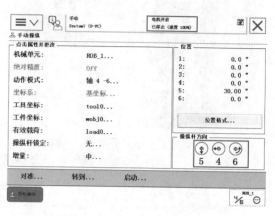

图 6-18 确认"电机开启"状态

7）分别按照"操纵杆方向"选项组中所指示的方向移动操纵杆，机器人各轴将会沿着对应方向运动。

注意 操纵杆的操作幅度是与机器人的运动速度相关的。操作幅度小，则机器人的运动速度慢；操作幅度大，则机器人的运动速度快。

2. 线性运动

线性运动用于控制机器人在对应坐标系空间中进行直线运动，便于操作人员定位。ABB机器人在线性运动模式下可以参考的坐标系有大地坐标系、基坐标系、工具坐标系和工件坐标系四种，操作人员可根据需要选择任意一个坐标系进行线性运动。

线性运动的具体操作步骤除第 4 步外，其余步骤与单轴运动相同。基本操作步骤如下。

1）将控制器上模式选择旋钮切换至"手动模式"。在状态栏中确认机器人的状态已切换至"手动"。

2）在示教器主菜单中选择"手动操纵"选项。

3）选择"动作模式"选项。

4）选择"线性"选项，单击"确定"按钮，如图 6-19 所示。

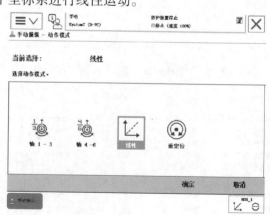

图 6-19 选择"线性"选项

⊖ 为了与软件一致，此部分用"电机"一词，其他部分仍用"电动机"一词。

5）半按住示教器的使能按钮不放，进入"电机开启"状态。

6）在状态栏中，确认"电机开启"状态。其中，"操纵杆方向"选项组中显示"X，Y，Z"的操作方向，箭头代表正方向。

7）分别按照"操纵杆方向"选项组中所指示的方向移动操纵杆，机器人将会沿着对应方向运动。

注意 在线性运动模式下，对于正常配置的机器人系统，当操作人员站在机器人的正前方面对机器人时，将操纵杆拉向自己时，机器人将沿 X 轴正向移动，向两侧移动操纵杆时，机器人将沿 Y 轴移动，旋转操纵杆时，机器人将沿 Z 轴移动。

3. 重定位运动

重定位运动即选定的机器人工具中心点绕着对应工具坐标系进行旋转运动，在运动时机器人工具中心点位置保持不变，姿态发生变化，因此用于对机器人姿态的调整。

重定位运动的具体操作步骤如下。

1）将控制器上模式选择旋钮切换至"手动模式"。在状态栏中，确认机器人的状态已切换至"手动"。

2）在示教器主菜单中选择"手动操纵"选项。

3）选择"动作模式"选项。

4）选择"重定位"选项，单击"确定"按钮，如图 6-20 所示。

5）在手动操纵界面，选择"坐标系"选项。

6）选择"工具"选项，单击"确定"按钮，如图 6-21 所示。

图 6-20 选择"重定位"选项

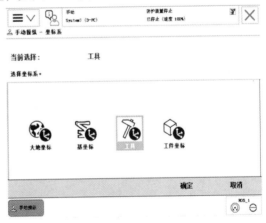

图 6-21 选择"工具"选项

7）在手动操纵界面，选择"工具坐标"选项。

8）选择需要的工具坐标系，如"tool 1"，单击"确定"按钮，如图 6-22 所示。

9）半按住示教器的使能按钮不放，进入"电机开启"状态。

10）在状态栏中，确认"电机开启"状态。其中，"操纵杆方向"选项组中显示"X，Y，Z"的操作方向，箭头代表正方向。

11）分别按照"操纵杆方向"选项组中所指示的方向移动操纵杆，机器人将会沿着对应方向运动。

6.3.2 工具坐标系建立

所有 ABB 机器人在手腕处都有一个预定义的工具坐标系，称为 tool 0。将 tool 0 进行偏移后重新建立一个新坐标系，称为工具坐标系的建立。工具坐标系用于调试人员在调试机器人时，调整机器人位姿。工具坐标系建立的目的就是将图 6-23a 所示的默认工具坐标系变换为图 6-23b 所示的自定义工具坐标系。

ABB 机器人 IRB120 工具坐标系常用定义方法有 3 种，即"TCP（默认方向）""TCP 和 Z"和"TCP 和 Z，X"，如图 6-24 所示。

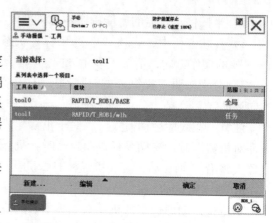

图 6-22　选择需要的工具坐标系

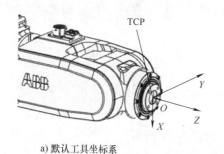

a) 默认工具坐标系

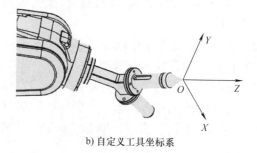

b) 自定义工具坐标系

图 6-23　工具坐标系建立的目的

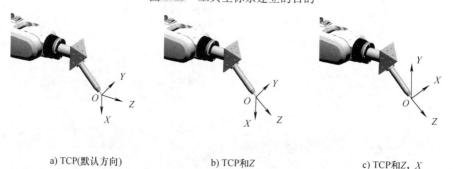

a) TCP(默认方向)　　　　　b) TCP和Z　　　　　c) TCP和Z，X

图 6-24　工具坐标系常用定义方法

（1）TCP（默认方向）　只改变 TCP 的位置，不改变工具坐标系 3 个轴的方向，适用于工具坐标系与 tool 0 方向一致的场合。

（2）TCP 和 Z　不仅改变 TCP 的位置，还改变工具的有效方向 Z，适用于工具坐标系 Z 轴方向与 tool 0 的 Z 轴方向不一致的场合。

（3）TCP 和 Z，X　TCP 的位置、Z 轴和 X 轴的方向均发生变化，适用于需要更改工具坐标系，Z 轴和 X 轴方向的场合。

24. ABB 机器人工具坐标系建立

本节以建立工具坐标系的通用方法"TCP 和 Z，X"为例，介绍机器人 IRB120 工具坐标系建立的具体操作步骤。

1. 新建工具坐标系

1）选择主菜单中"手动操纵"选项，进入手动操纵界面。

2）选择"工具坐标"选项，选择工具坐标系，如图6-25所示。

3）单击"新建"按钮，新建工具坐标系数据，如图6-26所示。

4）单击" … "按钮，可修改工具坐标系名称。

5）单击"初始值"按钮，进入初始值设置界面，如图6-27所示。根据工具实际质量与重心位置修改"mass"与"cog"参数，前者为质量，后者为工具重心较默认工具坐标系的位置偏移值。本例中将机器人负载（mass，单位为kg）修改成0.5，工具重心（cog，单位为mm）修改成［50，0，100］，最后单击"确定"按钮。

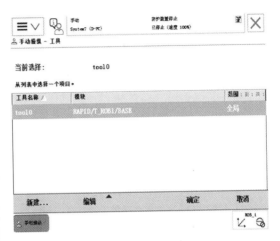

图6-25　选择工具坐标系

图6-26　新建工具坐标系数据

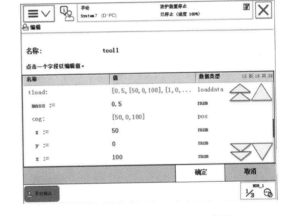

图6-27　设定工具坐标系初始值

6）单击"确定"按钮完成工具坐标系数据新建。

2. 工具坐标系定义

1）在手动操纵界面，选择"工具坐标"选项，进入选择工具坐标系界面。

2）选择新建的"tool 1"工具坐标系，再选择"定义"选项，如图6-28所示。

3）在方法中选择"TCP和Z，X"选项，点数可选范围为3～9，一般选

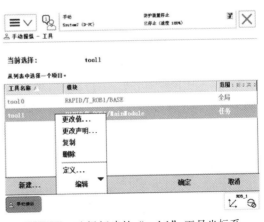

图6-28　选择新建的"tool 1"工具坐标系

择 4 即可，如图 6-29 所示。

4）手动操作机器人，使其运动到图 6-30所示的姿态。选择"点 1"选项，然后单击"修改位置"按钮，记录第 1 个特征点的数据。

5）同理，手动操作机器人，依次将其运动到图 6-31a～c 所示的姿态，并选择相应的"点 2""点 3"和"点 4"选项，再单击"修改位置"按钮，分别记录第 2、3、4 个特征点的数据，并将工具有效方向调整为竖直，同时使工具尖端与固定点接触，如图6-31d所示。

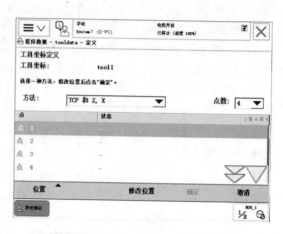

图 6-29　选择"TCP 和 Z，X"选项

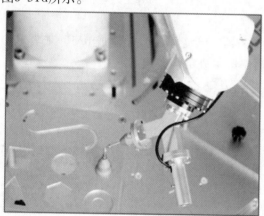

a) 第1种姿态

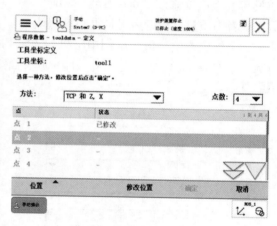

b) 定义点1

图 6-30　点 1 修改界面

6）手动操作机器人，依次将其运动到图 6-32 所示的姿态，并选择相应的"延时器点 X"和"延时器点 Z"，再单击"修改位置"按钮，分别记录 X 轴、Z 轴的特征点数据。

7）单击"确定"按钮，在弹出的对话框中单击"是"按钮，保存坐标系数据点，如图 6-33 所示。

8）系统开始计算工具坐标系数据，并将计算结果显示在示教器的操作界面上，如图6-34a所示。若误差信息满足需要，单击"确定"按钮完成工具坐标系定义；否则需要进行工具坐标系重新定义。工具坐标系效果图如图 6-34b 所示。

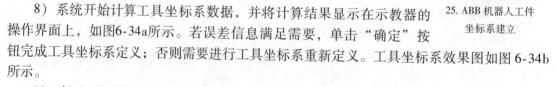

25. ABB 机器人工件
坐标系建立

9）验证工具坐标系。选择新建的工具坐标系，通过重定位功能，让机器人沿 X、Y、Z 轴进行重定位运动，观察末端执行器的末端是否发生明显偏移。如果没有，则建立的工具坐标系是正确的；否则建立的工具坐标系不适用，需要按上述步骤重新建立工具坐标系。

6.3.3　工件坐标系建立

工件坐标系是定义在工件或工作台上的坐标系，用来确定工件相对于基坐标系或其他坐

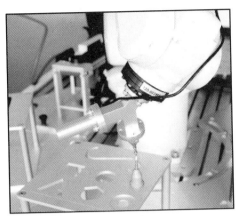

a) 第2种姿态

b) 第3种姿态

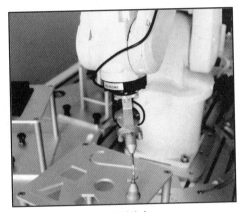

c) 第4种姿态

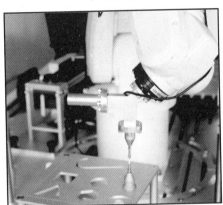

d) 尖端竖直姿态

图 6-31 定义姿态

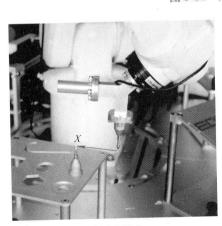

a) X 轴定义姿态

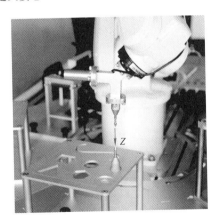

b) Z 轴定义姿态

图 6-32 X 轴、Z 轴定义姿态

标系的位置，方便用户以工件平面为参考对机器人进行手动操作及调试。

ABB 机器人采用 3 点法来定义工件坐标系，这 3 点分别为 X 轴上的第 1 点 X_1、X 轴上的第 2 点 X_2 和 Y 轴上的点 Y_1，其原点为 Y_1 所在直线与 X_1、X_2 所在直线的垂足，如图 6-35

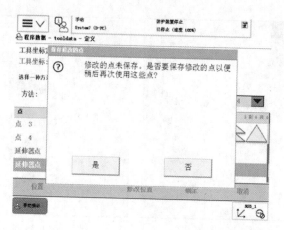

图 6-33 保存工具坐标系数据点

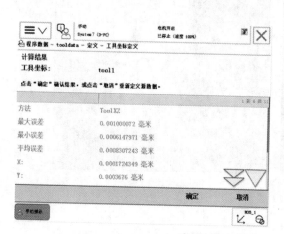

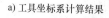

a) 工具坐标系计算结果

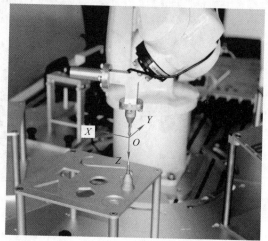

b) 工具坐标系效果图

图 6-34 工具坐标系定义完成

所示。通常，使点 X_1 与原点重合进行示教。工件坐标系建立后的效果图如图 6-36 所示。

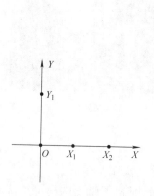

图 6-35 工件坐标定义

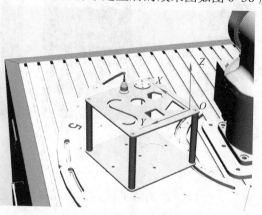

图 6-36 工件坐标系建立后的效果图

工件坐标系的定义需要在对应的工具坐标系下进行，具体操作步骤如下。

1. 选择工具坐标系

1）单击主菜单，选择"手动操纵"选项，进入手动操纵界面。

2）选择"工具坐标"选项，进入工具坐标系选择界面，将工具坐标系选择为tool 1。

3）单击"确定"按钮。此时手动操纵界面的"工具坐标"修改为"tool 1"，如图6-37所示。

2. 工件坐标系新建

1）在手动操纵界面，选择"工件坐标"选项，进入工件坐标系选择界面。

2）单击"新建"按钮，进入工件坐标系数据新建界面，新建工件坐标系名称为"wobj1"，如图6-38所示。可根据需要修改工件坐标系名称、设定声明参数及初始值。

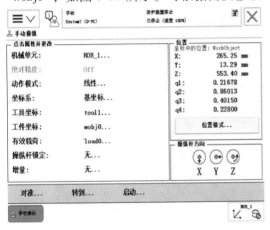

图6-37 选择工具坐标系

图6-38 工件坐标系新建

3）单击"确定"按钮保存数据，完成工件坐标系新建。

3. 工件坐标系定义

1）在手动操纵界面，选择"工件坐标"选项，进入工件坐标系选择界面。

2）选择新建的"wobj1"工件坐标系，再选择"定义"选项，如图6-39所示。

3）在"用户方法"中选择"3点"选项，如图6-40所示。

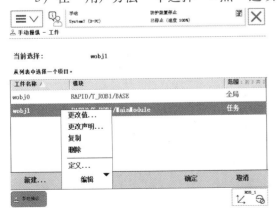

图6-39 选择新建的"wobj1"工件坐标系

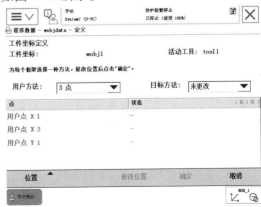

图6-40 工件坐标系定义

4）参考"工具坐标系定义"步骤 4 的操作步骤，手动操作机器人，依次将其运动到图 6-41 所示的姿态，并选择相应的"用户点 X1""用户点 X2"和"用户点 Y1"选项，单击"修改位置"按钮，分别记录工件坐标系 X 轴上第 1 点、X 轴上第 2 点及 Y 轴上的点的数据。

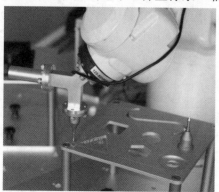

a) 用户点 X_1

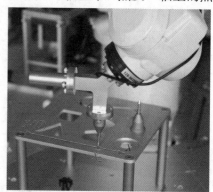

b) 用户点 X_2

c) 用户点 Y_1

d) 工件坐标系效果图

图 6-41　工件坐标系定义

5）单击"确定"按钮，在弹出的对话框中单击"是"按钮，保存坐标系数据点，如图 6-42 所示。

6）系统开始计算工件坐标系数据，并将计算结果显示在示教器的操作界面上，如图 6-43 所示。若满足需要，单击"确定"按钮完成工件坐标系定义；否则需要进行工件坐标系重新定义。工件坐标系效果图如图 6-41d 所示。

7）验证工件坐标系。

① 选择新建的工具坐标系和工件坐标系，并将工具坐标系原点移至工件坐标系原点位置。

图 6-42　保存工件坐标系数据点

② 在线性运动模式下，分别操作机器人沿 X 轴和 Y 轴正方向移动，观察机器人移动路径是否是沿着新建工件坐标系的 X 轴和 Y 轴移动。

③ 如果机器人是沿着定义的 X 轴和 Y 轴移动，则新建的工件坐标系是正确的；反之是错误的，需重新建立。

6.3.4　I/O 通信

机器人输入输出单元是用于连接外部输入输出设备的接口，控制器可根据使用需求扩展各种输入输出单元。机器人 IRB120 标配的I/O 板为分布式 I/O 板 DSQC652，共有 16 路数字量输入和 16 路数字量输出，如图 6-44 所示。

图 6-43　工件坐标系计算结果

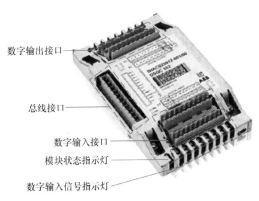

图 6-44　分布式 I/O 板 DSQC652

1. I/O 接口简介

IRB120 所采用的 IRC5 紧凑型控制器 I/O 接口和电源接口如图 6-45 所示。

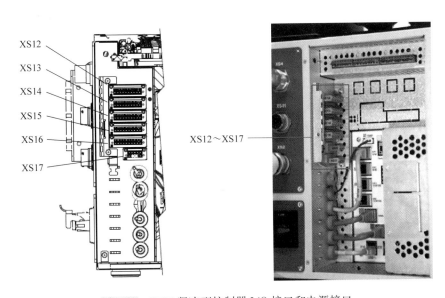

图 6-45　IRC5 紧凑型控制器 I/O 接口和电源接口

26. ABB 机器人 I/O 通信

其中，XS12、XS13 为 8 位数字输入接口，XS14、XS15 为 8 位数字输出接口，XS16 为 24V 电源接口，XS17 为 DeviceNet 外部连接接口。各接口 I/O 说明见表 6-5。

表 6-5　各接口 I/O 说明

端子 \ 引脚 \ 序号	1	2	3	4	5	6	7	8	9	10
XS12	0	1	2	3	4	5	6	7	0V	—
XS13	8	9	10	11	12	13	14	15	0V	—
XS14	0	1	2	3	4	5	6	7	0V	24V
XS15	8	9	10	11	12	13	14	15	0V	24V
XS16	24V	0V	24V	0V						—

数字输入输出接口均有 10 个引脚，包含 8 个通道，供电电压为 DC24V，通过外接电源供电。对于数字 I/O 板卡，数字输入信号高电平有效，输出信号为高电平。

数字输入输出信号可分为通用 I/O 和系统 I/O。通用 I/O 是由用户自定义使用的 I/O，用于连接外部输入输出设备。系统 I/O 是将数字输入输出信号与机器人系统控制信号关联起来，通过外部信号对系统进行控制。对于控制器 I/O 接口，其本身并无通用 I/O 和系统 I/O 之分，在使用时，需要用户结合具体项目及功能要求，在完成 I/O 信号接线后，通过示教器对 I/O 信号进行映射和配置。

2. I/O 信号连接

在使用机器人输入输出信号连接外部设备时，首先需要进行 I/O 硬件连接。下面以光电传感器输入信号和红光点状激光器输出信号为例，介绍 I/O 信号连接。

（1）光电传感器输入信号连接

1）松下 CX‑411B‑P‑C05 型光电传感器如图 6-46a 所示，作业电气原理图如图6-46b 所示。

2）确定机器人接入点。XS12、XS13 接口属于输入接口，本例使用 XS12 接口。光电传感器的棕色线接入电源 24V 接口，蓝色线接入电源 0V 接口，黑色线接入 XS12 接口（机器人 I/O 接口）1 号引脚，XS12 接口 9 号引脚接入电源 0V 接口。

（2）红光点状激光器输出信号连接

1）确定机器人输出信号。KYD650N5‑T1030 型红光点状激光器如图 6-47a 所示，作业电气原理图如图 6-47b 所示。

2）确定机器人接入点。由于 XS14、XS15 接口属于输出接口，本例使用 XS14 输出接口，如图 6-47 所示。红光点状激光器的红色线接入 XS14 接口（机器人 I/O 接口）1 号引脚，白色线接入电源 0V 接口。XS14 接口 10 号引脚接入电源 24V 接口，9 号引脚接入电源 0V 接口。

3. I/O 配置

使用机器人 I/O 接口连接外部输入输出设备时，硬件连接完成后，还需在示教器上进行 I/O 数据变量与物理端口的映射。以上述连接的光电传感器输入信号为例，I/O 信号配置的具体步骤如下。

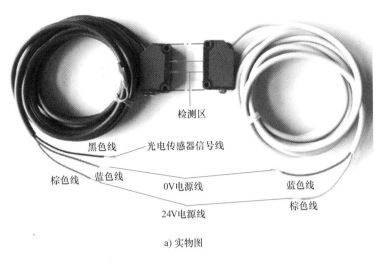

a) 实物图

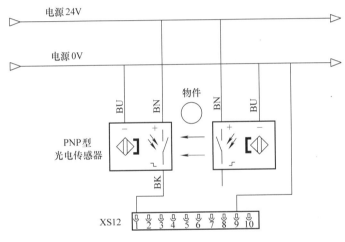

b) 作业电气原理图

图6-46 松下 CX‑411B‑P‑C05 型光电传感器

1）选择主菜单中"控制面板"选项，进入控制面板界面。

2）选择"配置"选项，进入配置界面，如图6-48所示。

3）选择"Signal"选项，进入信号编辑界面，如图6-49所示。

4）单击"添加"按钮，进入信号界面，如图6-50所示。

5）将"Name"修改为"di_Inpos"，在"Type of Signal"对应的类型中选择"Digital Input"，即数字量输入，在"Assigned to Device"中选择"d652"，在"Device Mapping"中更改引脚号为0，即输入信号变量"di_Inpos"映射到物理输入接口的0号端口，然后单击"确定"按钮，如图6-51所示。

6）在弹出的对话框中单击"是"按钮，如图6-52所示，重新启动控制器，参数配置在控制器重启后才能生效。

红光点状激光器输出信号的配置基本一致，只是需要在步骤5中将"Name"修改名称为"Do_Laser"，在"Type of Signal"对应的类型中选择"Digital Output"，即数字量输出，在"Assigned to Device"中选择"d652"，在"Device Mapping"中更改引脚号为0，即输出信号变量"Do_Laser"映射到物理输出接口的0号端口，如图6-53所示。

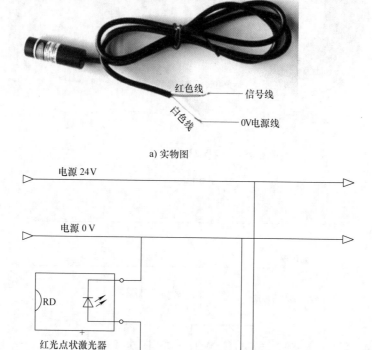

a) 实物图

b) 作业电气原理图

图 6-47　KYD650N5 – T1030 型红光点状激光器

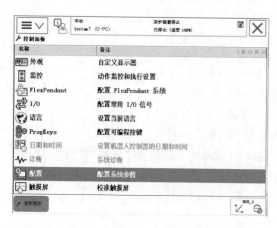

图 6-48　选择"配置"选项

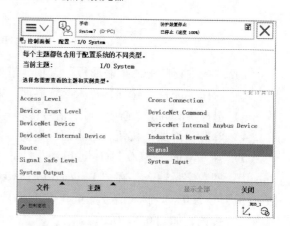

图 6-49　选择"Signal"选项

信号配置完成之后，可以通过示教器在程序模块中直接添加 I/O 指令或者通过主菜单的"输入输出"选项，查看或者监控输入输出端口的状态。

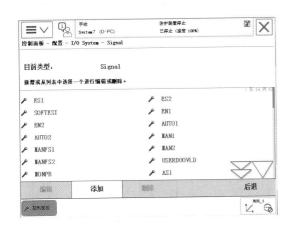

图 6-50　单击"添加"按钮

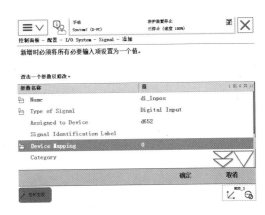

图 6-51　输入信号定义

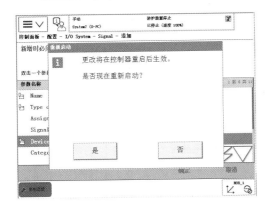

图 6-52　完成配置

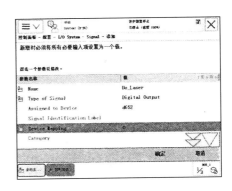

图 6-53　输出信号定义

6.3.5　基本指令

1. 数据类型

ABB 机器人的程序数据类型共有 103 个，共分为 3 种存储类型，即变量（VAR）、可变量（PRES）和常量（CONST），见表 6-6。

27. ABB 机器人基本指令

表 6-6　数据存储类型

序号	存储类型	说明
1	常量（CONST）	数据在定义时已赋予了数值，并不能在程序中进行修改，除非手动修改
2	变量（VAR）	数据在程序执行的过程中和停止时，会保持当前的值。但如果程序指针被移到主程序后，数据就会丢失
3	可变量（PRES）	无论程序的指针如何，数据都会保持最后赋予的值。在机器人执行的 RAPID 程序中也可以对可变量存储类型数据进行赋值操作，在程序执行以后，赋值的结果会一直保持，直到对其进行重新赋值

2. 程序结构

ABB 机器人编程语言称为 RAPID 语言，采用分层编程方案，可为特定机器人系统安装新程序、数据对象和数据类型。程序包涵 3 个等级，即任务、模块、程序，其结构如图6-54所示。

1 个任务中包含若干个系统模块和用户模块，1 个模块中包含若干程序。其中系统模块预定了程序系统数据，定义常用的系统特定数据对象（工具、焊接数据、移动数据等）、接口（打印机、日志文件等）等。通常用户程序分布于不同的模块中，在不同的模块中编写对应的例行程序和中断程序。主程序（Main）为程序执行的入口，有且仅有一个，通常通过执行主程序调用其他的子程序，实现机器人的相应功能。

ABB 机器人程序中所包含的模块有BASE 模块、user 模块和 MainModule 模块。

（1）BASE 模块　系统对工具（tool 0）、工件（wobj0）以及负载（load0）进行初始定义。实际应用中工具坐标系、工件坐标系以及负载设定都是来自系统初始化格式和数据。

（2）user 模块　系统初始设置的默认变量值，如 num 变量值及时钟变量等。

（3）MainModule 模块　主模块包括程序数据（Program Data）、主程序（Main Routine）以及 n 个例行程序（Routine）。

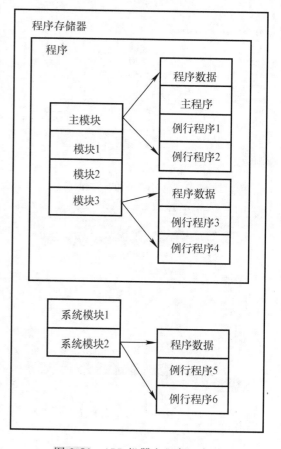

图 6-54　ABB 机器人程序组成图

3. 程序指令

（1）动作指令　ABB 机器人常用的动作指令有 MoveJ、MoveL、MoveC 和 MoveAbsJ。

1）MoveJ。关节运动，机器人用最快捷的方式运动至目标点。此时机器人运动状态不完全可控，但运动路径保持唯一。关节运动常用于机器人在空间内大范围移动。

2）MoveL。线性运动，机器人以线性移动方式运动至目标点。当前点与目标点两点决定一条直线，机器人运动状态可控，且运动路径唯一，但可能出现奇点。线性运动常用于机器人在工作状态下移动。

3）MoveC。圆弧运动，机器人通过中间点以圆弧移动方式运动至目标点。当前点、中间点与目标点三点决定一段圆弧，机器人运动状态可控，运动路径保持唯一。圆弧运动常用于机器人在工作状态下移动。

4）MoveAbsJ。绝对位置运动，机器人以单轴运行的方式运动至目标点。此运动方式绝对不存在奇点，且运动状态完全不可控。要避免在正常生产中使用此指令。指令中工具中心与工件坐标系只与运动速度有关，与运动位置无关。绝对位置运动常用于检查机器人零点位置。

其中，机器人线性运动与关节运动示意图如图 6-55 所示，圆弧运动示意图如图 6-56

所示。

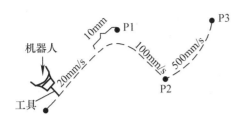
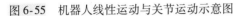

图 6-55　机器人线性运动与关节运动示意图　　图 6-56　圆弧运动示意图

常见动作指令格式见表 6-7。

表 6-7　常见动作指令格式

指令类型	指令格式	注释
线性运动	MoveL P1，v200，z10，tool 1 \ wobj：= wobj0；	MoveL、MoveJ、MoveC、MoveAbsJ：运动指令
关节运动	MoveJ P3，v500，fine，tool 1 \ wobj：= wobj0；	P1、P3、P5、P6、P7：目标位置
圆弧运动	MoveC P5，P6，v500，fine，tool 1 \ wobj：= wobj0；	v200、v500、v100：规定在数据中的速度 z10、fine：规定在转弯区的尺寸
绝对位置运动	MoveAbsJ P7，v100， fine，tool 0 \ wobj：= wobj0；	tool 0、tool 1：指令运行所使用的工具坐标系 wobj0：指令运行所使用的工件坐标系

（2）I/O 指令　ABB 机器人常用的输入输出指令有 WaitDI、Set、Reset。

1）WaitDI。等待输入信号。

2）Set。将一个输出信号赋值为 1，即接通指定的输出电路。

3）Reset。将一个输出信号赋值为 0，即断开指定的输出电路。

常见 I/O 指令格式及示例见表 6-8。

表 6-8　常见 I/O 指令格式

指令格式	说明
WaitDI di1，1；	当输入信号 di1 = 1 时，机器人继续执行后面程序指令，否则一直等待
Set do1；	将输出信号 do1 赋值为 1
Reset do1；	将输出信号 do1 赋值为 0

（3）流程指令　ABB 机器人常用的流程指令有条件指令 IF、循环指令 FOR、条件循环指令 WHILE、条件转移指令 TEST。

1）条件指令 IF。满足不同条件，执行对应程序。例如：

程序	注释

IF Reg > 5 THEN
　　Set do1；
Else
　　Reset do1；
ENDIF
	如果 Reg > 5 条件满足，则执行 Set do1 指令，否则执行 Reset do1 指令

2）循环指令 FOR。根据指定的次数，重复执行对应的程序。例如：

程序	注释

FOR i FROM 1 TO 10 DO
　　Routinel；
ENDFOR
	重复执行 10 次 Routinel 里的程序

3）条件循环指令 WHILE。如果条件满足，则重复执行对应程序。例如：

程序	注释

WHILE Reg1 ＜ Reg2 Do
　　Reg1 ： = Reg1 + 1；
ENDWHILE
	如果变量 Reg1＜Reg2 条件成立，则一直重复执行 Reg1 加 1，直到条件不满足为止

4）条件转移指令 TEST。当前指令通过判断相应数据变量与其对应的值，控制需要执行的相应指令。例如：

程序	注释
TEST count 　CASE 1： 　　Reg1 ： = Reg1 + 1； 　CASE 2： 　　Reg1 ： = Reg1 + 2； 　DEFAULT： 　　Reg1 ： = Reg1 + 3； 　ENDTEST	根据 count 值执行相应 case，没有对应值则执行 default

（4）其他常用指令　ABB 机器人其他常用指令如下。

1）Exit。停止程序执行并禁止在运行处开始。

2）WaitTime。等待时间，单位为 s。

3）WaitRob \ InPos。等待机器人执行到当前指令。

6.3.6　程序编辑

1. 新建例行程序

1）选择主菜单中"程序编辑器"选项，进入程序编辑器界面，如图 6-57 所示。

2）单击"模块"按钮，系统会显示自带三个模块，即 BASE 模块、MainModule 模块和 user 模块，如图 6-58 所示。

28. ABB 机器人程序编辑

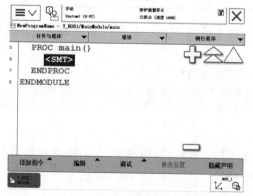

图 6-57　程序编辑器界面

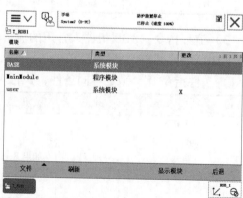

图 6-58　模块选择界面

134

3）选中 MainModule 模块，单击"显示模块"按钮可以查看模块中的具体内容，如图
6-59 所示。

4）单击"例行程序"按钮，再单击"文件"按钮，选择"新建例行程序"选项，如
图 6-60 所示。

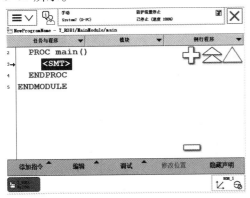

图 6-59　显示模块

图 6-60　新建例行程序

5）在弹出的界面中生成名为"Routine1"的程序，单击"ABC…"按钮可以给例行程
序改名，再单击"确定"按钮，新的例行程序建立完成，如图 6-61 所示。

6）选择新建的例行程序"Routine1"，单击"显示例行程序"按钮，进入程序编辑状
态，如图 6-62 所示。

图 6-61　新建例行程序

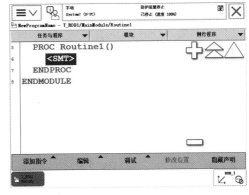

图 6-62　程序编辑界面

2. 在线示教

1）选择主菜单中的"手动操纵"选项，选择工具坐标系"tool 1"和工件坐标系
"wobj1"，然后返回例行程序。这样操作的目的是在添加运动指令时，生成指令中将使用当
前选择的工具坐标系和工件坐标系。

2）通过示教器上的操纵杆，用手动操作的方式，将机器人移动到一个合适的位置和姿
态，选择要添加的指令位置后，单击程序编辑界面左下方"添加指令"按钮，选择合适指
令（如 MoveJ、MoveL 等），机器人就会自动记录当前位置姿态的点，如图 6-63 所示。

注意　如果所要添加的程序指令不在当前页面，单击"下一个 →"按钮可查看其余
指令。

3）增加机器人运行程序后，需要将指令参数更改成合适的值。双击"＊"，可以给目标点取名，如图 6-64 所示。

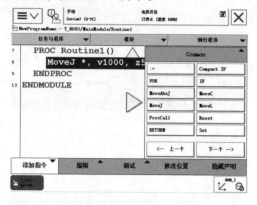

图 6-63　添加指令界面

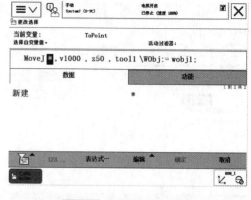

图 6-64　目标点取名界面

4）选择"新建"选项，进入新数据声明界面，如图 6-65 所示。单击"…"按钮，修改目标点名称，然后再单击"确定"按钮。

同样的方式，可以用来修改速度、转弯区域数据、工具等参数。

3. 程序再现

1）在程序编辑界面，单击"调试"按钮，再单击"PP 移至例行程序"按钮，如图 6-66所示。

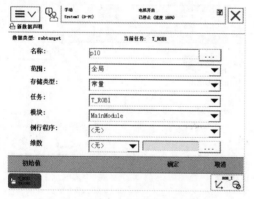

图 6-65　目标点新建界面

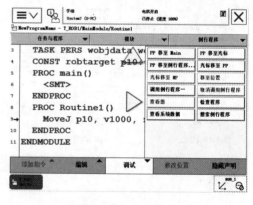

图 6-66　程序调试

2）选择自行添加的例行程序"Routine1"。

3）然后半按住使能按钮不放，按下执行程序键（图 6-8 中的 K 键），机器人开始执行程序。

　综合应用

6.4

下面以 HRG－HD1XKA 型工业机器人技能考核实训台中的异步输送带模块为例，通过物料检测与物料搬运操作来介绍 ABB 机器人 I/O 模块输入、输出信号的使用及程序示教、编程调试等具体操作。ABB 机器人的路径规划如图 6-67 所示。

29. ABB 机器人综合应用

路径规划：初始点 P1→圆饼抬起点 P2→圆饼拾取点 P3→圆饼抬起点 P2→圆饼抬起点 P4→圆饼拾取点 P5→圆饼抬起点 P4→初始点 P1。

机器人 IRB120 输送带搬运动作的具体操作步骤如下。

1）在模块底部用螺钉将异步输送带模块固定在实训台上，将复合夹具安装在机器人法兰盘末端，如图 6-68 所示。

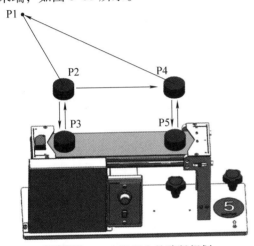

图 6-67　ABB 机器人的路径规划

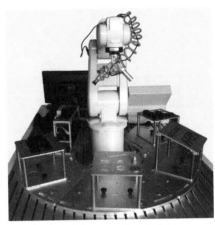

图 6-68　安装模块和夹具

2）准备 24V 电源，连接气管，并将电磁阀线圈的两根线分别连接至电源 24V 接口和机器人输出接口 XS14 的 1 号引脚。XS14 接口 10 号引脚接入电源 24V 接口，9 号引脚接入电源 0 V 接口。

3）光电传感器的棕色线接入电源 24V 接口，蓝色线接入电源 0V 接口，黑色线接入 XS12 输入接口（机器人 I/O 接口）1 号引脚，XS12 接口 9 号引脚接入电源 0V 接口。

4）I/O 配置。通过示教器添加数字输入信号"di_Inpos"，并将该输入信号变量"di_Inpos"映射到物理输入接口的 0 号端口。添加数字输出信号"do_Vacuum"，并将该输出信号变量"do_ Vacuum"映射到物理输出接口的 0 号端口。（参考 6.3.4 节）

5）利用复合夹具的吸盘末端建立机器人工具坐标系"tool_Vacuum"（参考 6.3.2 节）。

6）将机器人"运行模式"切换至"手动模式"，并将手动操纵界面的工具坐标选择为新建立的"tool_ Vacuum"，如图 6-69 所示。

7）选择"程序编辑器"选项，选择"MainModule"，在该模块中新建一个例行程序，命名为"Path_10"。

8）双击"Path_10"进入例行程序，单击"添加指令"→"WHILE"按钮，添加条件循

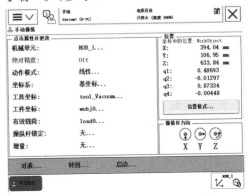

图 6-69　选择工具坐标系

环指令，双击循环条件＜EXP＞，将其修改为"TRUE"，然后将光标移动至＜SMT＞，准备添加程序指令，如图6-70所示。

9）建立安全点。手动操作将机器人移动到合适的位姿，作为安全点（即初始点P1），单击"添加指令"→"MoveJ"按钮，将指令位置取名为"P1"，速度调整至200，精度调整至10，如图6-71所示，并单击"修改位置"按钮，完成安全点建立。动作指令如下。

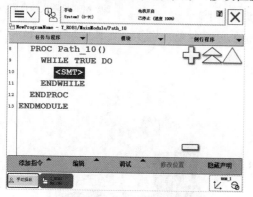

图6-70　添加条件循环指令

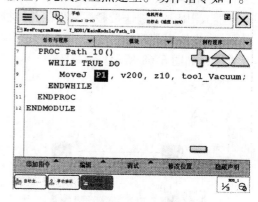

图6-71　建立安全点

MoveJ P1，v200，z10，tool_Vacuum；

10）添加"WaitDI"指令，等待输送带末端检测。

WaitDI di_Inpos，1；

11）手动移动机器人至输送带末端圆饼物料的上方约150mm的位置，添加如下动作指令，并将指令位置取名为"P2"。

MoveJ P2，v200，z10，tool_Vacuum；

12）手动移动机器人至输送带末端圆饼物料上，如图6-72所示，添加如下动作指令，并将指令位置取名为"P3"。

MoveL P3，v200，fine，tool_Vacuum；

13）添加"Set"指令，使吸盘开始工作，并等待0.5s。

Set do_Vacuum；

WaitTime 0.5；

14）添加如下动作指令，并将指令位置取名为"P2"，即使机器人运动到P2。

MoveL P2，v200，fine，tool_Vacunm；

图6-72　P3位置示教

15）手动移动机器人至输送带放置点上方约150mm的位置，如图6-73所示，添加如下动作指令，并将指令位置取名为"P4"。

MoveJ P4，v200，z10，tool_Vacunm；

16）手动移动机器人至输送带放置点的位置，如图6-74所示，添加如下动作指令，并将指令位置取名为"P5"。

MoveL P5，v200，fine，tool_Vacunm；

图 6-73 P4 位置示教

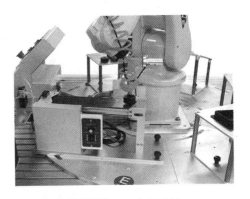
图 6-74 P5 位置示教

17) 添加"Reset"指令，关闭吸盘，并等待 0.5s。

Reset do_Vacuum;

WaitTime 0.5;

18) 添加如下动作指令，并将指令位置取名为"P4"，即使机器人运动到 P4

MoveJ P4，v200，210，tool_Vacuum;

19) 添加如下动作指令，并将指令位置取名为"P1"，即使机器人运动回到安全点。

MoveJ P1，v1000，z10，tool_Vacuum;

20) 单击"调试"→"PP 移至例行程序"按钮，选择"Path_10"例行程序。

21) 半按住使能按钮不放，按下执行程序键，机器人开始执行程序。

思 考 题

1. ABB 机器人的运动模式有哪几种？

2. ABB 机器人工具坐标系常用定义方法有哪几种？

3. 概述 ABB 机器人工件坐标系建立方法。

4. DSQC652 共有几路数字量输入和数字量输出？

5. ABB 机器人常用的动作指令有哪些？

第7章

Chapter

FANUC机器人编程及应用

日本的发那科公司作为国际工业机器人领域"四大家族"的成员，是主要的工业机器人生产厂商。自1974年FANUC首台工业机器人问世以来，便致力于机器人技术的领先和创新，其产品在工业机器人市场占有重要的份额。FANUC是由机器人来做机器人的公司，是提供集成视觉系统的机器人企业，是既提供智能机器人又提供智能机器的公司。FANUC机器人产品系列多达240种，负载范围为0.5～2300kg，广泛应用在装配、搬运、焊接、铸造、涂装、码垛等不同生产环节，满足用户的不同需求。FANUC机器人典型产品如图7-1所示。

a) 通用迷你6轴机器人　　　b) 小型高速机器人　　　c)重物搬运机器人　　　d)物流智能机器人
LR Mate 200iD/4S　　　　R-1000iA/80F　　　　M-2000iA-2300　　　　M-410iC/500

e)涂装机器人　　　f)多功能智能小型机器人　　　g)高速装配并联机器人　　　h)人机协作机器人
P-250iB/15　　　　M-20iA/20M　　　　M-3iA/12H　　　　CR-35iA

图7-1　FANUC机器人典型产品

作为 FANUC 的通用迷你 6 轴机器人，LR Mate 200iD/4S 的大小和人手臂相近，具有同级别机器人中最轻的机构部分，负载为 4kg。它的结构设计紧凑，机身小巧，能够容易地安装在加工机械内部或者进行顶吊安装。它通过采用高刚性手臂和最尖端的伺服控制技术，实现了高速而且平滑的动作性能。还具有手腕负载容量大的特点，可以轻松地应对需要搬运多个工件的作业，现广泛应用于弧焊、装配、拾取及包装、机床上下料、材料加工、码垛、物流、搬运、点焊等领域。

由于 LR Mate 200iD/4S 机身小巧、价格低廉、性能稳定，常作为工业机器人教学用典型机型。因此本章以 FANUC 典型产品 LR Mate 200iD/4S 为例进行相关介绍和应用分析。

7.1　机器人 LR Mate 200iD/4S 简介

LR Mate 200iD/4S 是 FANUC 推出的一款通用迷你型机器人。该机器人由 3 部分组成，即操作机、控制器和示教器，如图 7-2 所示。

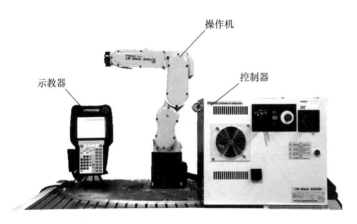

图 7-2　机器人 LR Mate 200iD/4S 组成结构图

30. 机器人 LR Mate 200iD/4S 简介

7.1.1　操作机

LR Mate 200iD/4S 属于小型通用工业 6 轴机器人，其操作机主要由机械臂、驱动装置、传动装置和内部传感器组成。其中，机械臂主要包括基座、腰部、手臂（大臂和小臂）和手腕，如图 7-3 所示。图 7-3 中 J1 ~ J6 为机器人 LR Mate 200iD/4S 的 6 个轴，箭头表示该轴绕基准轴运动的正负方向。

机械臂与末端执行器之间的接口，如图 7-4 所示。

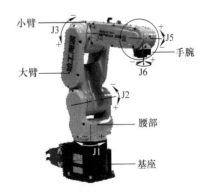

图 7-3　机器人 LR Mate 200iD/4S 的机械臂

（1）EE 接口　通过集成电路连接到控制器。

（2）气源接口　通过集成气源接口将气体传送给气动元件。其中 AIR1 为直通气路；

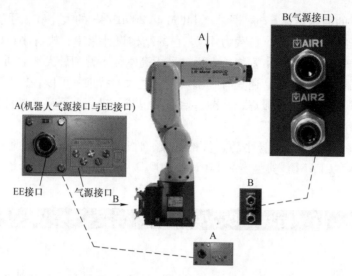

图 7-4 机械臂与末端执行器之间的接口

AIR2 连接两个内部电磁阀，且 1A 和 1B 为一路，2A 和 2B 为另一路。

7.1.2 控制器

LR Mate 200iD/4S 控制器采用 FANUC 新一代 R－30iB Mate，其具有性能高、响应快、安全性能强等特点，集成的视觉功能将大量节约为实现柔性生产所需的周边设备成本，配合 FANUC 自身研发的各种功能强大的点焊、涂胶、搬运等专用软件，可使机器人的操作变得更加简单。

R－30iB Mate 控制器主要包括操作面板、断路器、连接电缆、USB 端口、散热风扇单元，如图 7-5 所示。

R－30iB Mate 控制器说明见表 7-1。

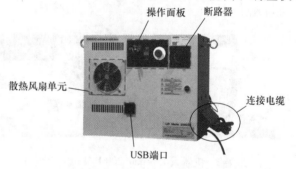

图 7-5 R－30iB Mate 控制器

表 7-1 R－30iB Mate 控制器说明

名称	图片	说明
操作面板		模式开关，有 T1 模式、T2 模式和 AUTO 3 种模式 T1 模式：手动状态下使用，机器人只能低速（小于 250mm/s）手动控制运行 T2 模式：手动状态下使用，机器人以 100% 速度手动控制运行 AUTO 模式：在生产运行时所使用的一种模式
		启动开关：启动当前所选的程序，程序启动中亮灯
		急停按钮：按下此按钮可使机器人立即停止。向右旋转急停按钮即可解除按钮锁定

142

（续）

名称	图片	说明
断路器	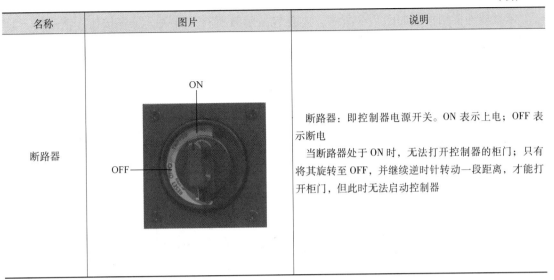	断路器：即控制器电源开关。ON 表示上电；OFF 表示断电 当断路器处于 ON 时，无法打开控制器的柜门；只有将其旋转至 OFF，并继续逆时针转动一段距离，才能打开柜门，但此时无法启动控制器

7.1.3　示教器

1. 简介

机器人 LR Mate 200iD/4S 的示教器是进行机器人的手动操作、程序编写、参数配置以及监控用的一种手持装置，由硬件和软件组成，其本身就是一套完整的计算机。示教器经由电缆与控制装置内部的主 CPU 印制电路板和机器人控制印制电路板连接，是机器人的人机交互接口，用于执行与操作机器人有关的任务。该示教器采用巧妙的设计改善了整体的平衡性，通过金属接头及塑料护套加强电缆处的防护，使操作变得更加方便。示教器规格见表7-2。

表7-2　示教器规格

示教器构成部分	
屏幕分辨率	640×480
LED	POWER
LED	FAULT
键控开关	68 个
示教器有效开关	1 个
安全开关	1 个
急停按钮	1 个
USB 插口	1 个
支持左手与右手使用	支持

2. 外形结构

示教器外形结构图如图 7-6 所示，主要包括示教器有效开关、急停按钮、液晶屏、TP操作键和安全开关。

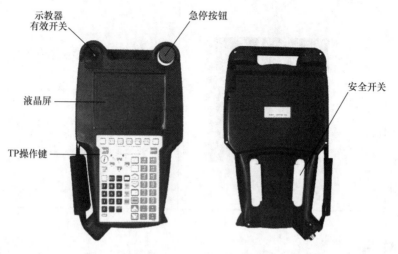

示教器
有效开关

急停按钮

液晶屏

安全开关

TP操作键

图 7-6　示教器外形结构图

（1）示教器有效开关　将示教器置于有效状态。示教器无效时，点动进给、程序创建、测试执行无法进行。

（2）急停按钮　不管示教器有效开关的状态如何，一旦按下急停按钮，机器人立即停止。

（3）安全开关　安全开关有 3 种状态，即全松、半按、全按。半按：状态有效。全按和全松：无法执行机器人操作。

（4）液晶屏　主要显示各状态界面以及一些报警信号。

（5）TP 操作键　操作机器人时使用。

3. 正确手持姿势

操作机器人之前必须学会正确手持示教器。如图 7-7 所示，左手穿过固定带握住示教器，右手可用于操作示教器上的相关按键。示教器背面左右各有一个安全开关，使用时按住任意一个即可。

图 7-7　示教器正确的手持姿势

4. TP 操作键

示教器 TP 操作键是管理应用工具软件与用户之间的接口，用来操作机器人、创建程序等，常用按键主要有功能键、轴操作键、光标键和倍率键，如图 7-8 所示。

按键功能介绍见表 7-3。

功能键

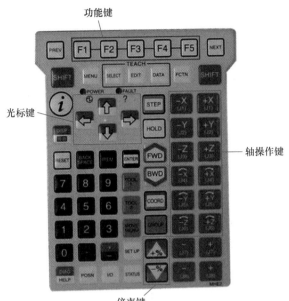

光标键

轴操作键

倍率键

图 7-8　按键介绍

表 7-3　按键功能介绍

序号	按键	功能	序号	按键	功能
1	SELECT	用来显示程序一览界面	9	COORD	用于切换示教坐标系
2	NEXT	将功能键菜单切换到下一页	10	ENTER	确认键
3	MENU	菜单键，显示界面菜单	11	FCTN	显示辅助菜单
4	SET UP	显示设定界面	12	STEP	在单步执行和连续执行之间切换
5	RESET	复位键，消除警报	13	TOOL 1 TOOL 2	用来显示工具 1 和工具 2 界面
6	FWD	顺向执行程序	14	F1 F2 F3 F4 F5	功能键
7	DIAG HELP	单独按下，移动到提示界面，在与 SHIFT 键同时按下的情况下，移动到报警界面	15	BACK SPACE	用来删除光标位置之前一个字符或数字
			16	ITEM	用于输入行号码后移动光标
8	SHIFT	与其他按键同时按下时，可以点动进给、位置数据的示教、程序的启动	17	PREV	返回键，显示上一界面

145

（续）

序号	按键	功能	序号	按键	功能
18	POSN	用来显示当前位置界面	23	EDIT	显示程序编辑界面
19	I/O	用来显示 I/O 界面	24	DATA	显示数据界面
20	BWD	反向执行程序	25	STATUS	显示状态界面
21	DISP	单独按下，移动操作对象界面；与 SHIFT 键同时按下，分割屏幕	26	HOLD	暂停键，暂停机器人运动
22	GROUP	单独按下，按照 G1→G2→G2S→G3→…→G1 的顺序，依次切换组，副组，按住 GROUP 键的同时按住希望变更的组号码，即可变更为该组	27	+% -%	倍率键，用来进行速度倍率的变更
			28		移动光标

其中，功能键（F1～F5）用来选择界面底部功能键菜单中对应功能；当功能键菜单右侧出现"＞"时，按下示教器上【NEXT】键，可循环切换功能键菜单，如图 7-9 所示。若功能键菜单中部分选项为空白时，则代表相对应的功能键按下无效。

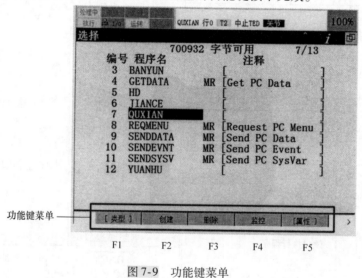

图 7-9　功能键菜单

5. 示教器界面

（1）状态窗口　状态窗口位于示教器显示界面的最上方，如图 7-10 所示，包含 8 个软件 LED、报警显示、倍率值。8 个软件 LED 的功能见表 7-4。

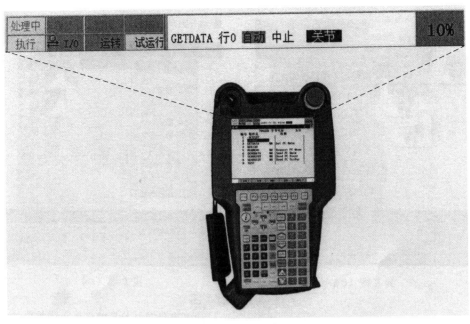

图 7-10 示教器状态窗口

表 7-4 8 个软件 LED 的功能

序号	显示 LED	含义	序号	显示 LED	含义
1	处理中	表示机器人正在进行某项作业	5	执行	表示正在执行程序
2	单步	表示处在单步运转模式下	6	I/O	应用程序固有的 LED
3	暂停	表示按下了"HOLD"（暂停）按钮，或输入了 HOLD 信号	7	运转	应用程序固有的 LED
			8	试运行	应用程序固有的 LED
4	异常	表示发生了异常			

（2）菜单界面 按下示教器上的"MENU"键，即会出现如图 7-11 所示的界面，菜单界面用于界面的选择。

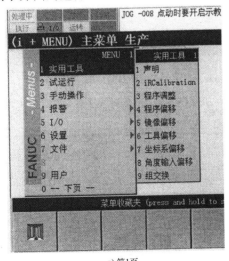

a) 第1页

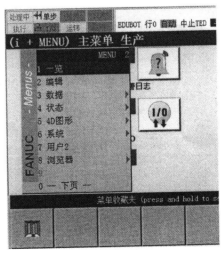

b) 第2页

图 7-11 菜单界面

菜单界面条目的具体功能见表 7-5。

表 7-5　菜单界面条目的具体功能

序号	条目	功能
1	实用工具	使用各类机器人功能
2	试运行	进行测试运转的设定
3	手动操作	手动执行宏指令
4	报警	显示发生的报警和过去报警记录以及详细情况
5	I/O	进行各类 I/O 的状态显示、手动输入、仿真输入/输出、信号分配、注解的输入
6	设置	进行系统的各种设定
7	文件	进行程序、系统变量、数值寄存器文件的加载保护
8	用户	在执行消息指令时显示用户消息
9	一览	显示出现一览，也可进行创建、复制、删除等操作
10	编辑	进行程序的示教、修改、执行
11	数据	显示数值寄存器、位置寄存器和码垛寄存器的值
12	状态	显示系统的状态
13	4D 图形	显示画面，同时显示现在位置的位置数据
14	系统	进行系统变量的设定、零点标定的设定等
15	用户 2	显示从 KAREL 程序输出的消息
16	浏览器	进行网络上的 Web 网页的浏览

6. 主要功能

示教器的主要功能是处理与机器人系统相关的操作，具体如下。

1）机器人的点动进给。

2）程序创建。

3）程序的测试执行。

4）操作程序。

5）状态确认。

7.1.4　主要技术参数

机器人 LR Mate 200iD/4S 的主要技术参数见表 7-6。

表 7-6　机器人 **LR Mate 200iD/4S** 的主要技术参数

规格		
型号	工作范围	额定负荷
LR Mate 200iD/4S	550mm	4kg
特性		
重复定位精度	±0.02 mm	
机器人安装	地面安装，吊顶安装，倾斜角安装	
防护等级	IP67	
控制器	R－30iB Mate	

（续）

运动		
轴	工作范围	最大速度
J1 轴	+170° ~ -170°	340°/s
J2 轴	+120° ~ -110°	230°/s
J3 轴	+205° ~ -69°	402°/s
J4 轴	+190° ~ -190°	380°/s
J5 轴	+120° ~ -120°	240°/s
J6 轴	+360° ~ -360°	720°/s

7.2 实训环境

本书采用机器人 LR Mate 200iD/4S 搭载 HRG - HD1XKB 型工业机器人技能考核实训台来学习 FANUC 机器人基本操作与应用，如图 7-12 所示。本书同样适用于 HRG - HD1XKA 型工业机器人技能考核实训台（专业版）。实训模块的详细介绍请参考 6.2 节。

本实训台含有基础模块、激光雕刻模块、模拟焊接模块、搬运模块和异步输送带模块 5 个通用模块，见表 6-4，模拟工业生产基本应用。

31. FANUC 机器人实训环境

a) HRG - HD1XKB型
工业机器人技能考核实训台（标准版）

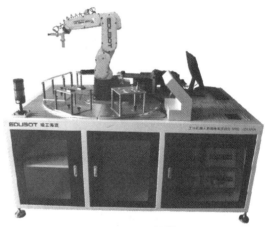

b) HRG - HD1XKA型
工业机器人技能考核实训台（专业版）

图 7-12 工业机器人技能考核实训台

7.3 操作及编程

由于示教器显示画面默认语言为英语，因此在使用时可以通过以下步骤将其设定为中文。

1）按下示教器操作面板上的【MENU】键，进入菜单界面，如图7-13所示。

2）按下【↓】键，将光标移至"SETUP"选项。

3）按下【→】键，将光标移至"SETUP 1"选项；再按【↓】键将光标移至"General"选项。

4）按下【ENTER】键，进入语言设置界面，如图7-14所示。

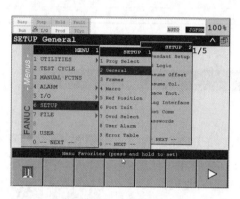

图7-13　菜单界面

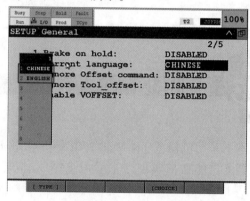

图7-14　语言设置界面

5）光标选中"Current language"选项，按【ENTER】键进入语言选择界面，选择"CHINESE"选项，并按【ENTER】键确认。

7.3.1　手动操作

32. FANUC 机器人手动操作

手动操作机器人时，机器人有两种运动模式可供选择，分别为关节坐标运动和直角坐标运动。下面逐一介绍这两种运动模式的具体操作步骤。

1. 关节坐标运动

机器人在关节坐标系下的运动是单轴运动，即每次手动只操作机器人某一个关节轴的转动。手动操作关节坐标运动的方法如下。

1）将控制器上的模式开关打到"T1"，如图7-15所示。

2）按住安全开关，同时按下示教器上【RESET】键，清除报警。

3）按下【SHIFT】键 + 【CO-ORD】键，显示图7-16所示界面，按下【F1】键，选择关节坐标系。

4）同时按住安全开关、【SHIFT】键和点动键，如图7-17所示，即可

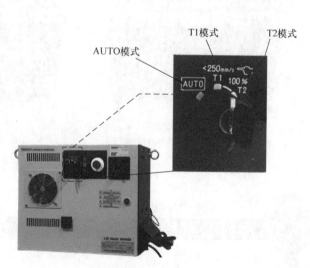

图7-15　模式选择

对机器人进行关节坐标运动的操作。

注意　在操作时，尽量以小幅度操作，使机器人慢慢运动，以免发生撞击事件。

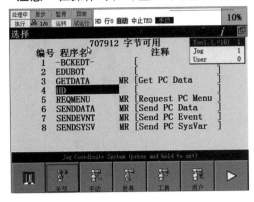

图7-16　关节坐标系选择

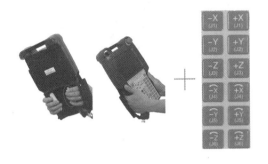

图7-17　选择动作模式

2. 直角坐标运动

机器人在直角坐标系下的运动是线性运动，即机器人工具中心点（TCP）在空间中沿坐标轴做直线运动。线性运动是机器人多轴联动的效果。基本操作步骤如下。

1）将控制器上的模式开关打到"T1"。

2）按住安全开关，同时按下示教器上【RESET】键，清除报警。

3）按下【SHIFT】键 + 【COORD】键，显示图7-18所示画面，按下【F3】键，选择世界坐标系（选择手动坐标系、工具坐标系、用户坐标系均可实现直角坐标运动）。

4）同时按住安全开关、【SHIFT】键和点动键即可对机器人进行直角坐标运动的操作。

图7-18　世界坐标系选择

7.3.2　工具坐标系建立

工具坐标系是表示工具中心和工具姿势的直角坐标系，所有FANUC机器人在手腕处都有一个预定义的工具坐标系。工具坐标系用于调试人员在调试机器人时，调整机器人位姿。工具坐标系建立的目的就是将图7-19a所示的默认工具坐标系变换为图7-19b所示的自定义工具坐标系。在默认状态下，用户可以设置10个自定义工具坐标系。

33. FANUC机器人工具坐标系建立

FANUC机器人工具坐标系的定义方法有5种，即三点法、六点法、直接输入法、二点+Z、四点法。

（1）三点法　三点法示教可以确定工具中心点，要进行正确的设定，应尽量使三个点趋近方向各不相同。

（2）六点法　三点确定工具中心，另三点确定工具姿势。六点法分为六点法（XZ）和

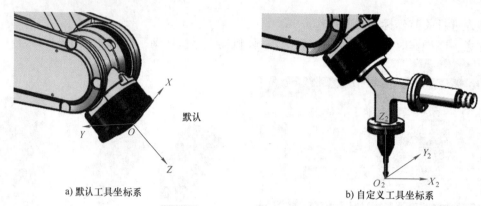

a) 默认工具坐标系　　　　　　　　b) 自定义工具坐标系

图7-19　工具坐标系建立的目的

六点法（XY）。

（3）直接输入法　直接输入相对于默认工具坐标系的工具中心点位置（X、Y、Z的值）及其绕X轴、Y轴、Z轴的回转角（W、P、R的值）。

（4）二点 + Z　两个接近点加上手动输入的Z轴数值确定工具中心点，一般用于4轴机器人的工具坐标系定义。

（5）四点法　四点确定工具中心点，要进行正确的设定，应尽量使四个点趋近方向各不相同。

本节以建立工具坐标系通用方法"六点法（XZ）"为例，介绍机器人 LR Mate 200iD/4S 工具坐标系建立的具体操作步骤。

1）将控制器上的模式开关打到"T1"，按下【MENU】键，显示主菜单界面，如图7-20所示。

2）按下【⬇】键，将光标移至"设置"选项。

3）按下【➡】键，将光标移至"坐标系"选项。

4）按下【ENTER】键，进入坐标系设置界面，如图7-21所示。

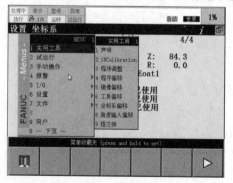

图7-20　主菜单界面

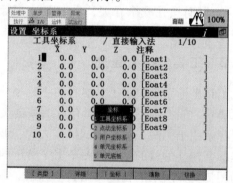

图7-21　坐标系设置界面

5）将光标移至坐标系编号"1"处，按下【F3】键，对应"坐标"功能，选择"工具坐标系"选项，按下【ENTER】键。

6）按下【F2】键，对应"详细"功能，进入详细界面，如图7-22所示。

7）按下【F2】键，对应"方法"功能，选择"六点法（XZ）"选项，按下"ENTER"

键，进入坐标系编辑界面，如图7-23所示。

8）把当前坐标切换成"世界坐标"后，移动机器人，使工具尖端接触到基准点，如图7-24所示。

9）移动光标到"接近点1"选项，按下【SHIFT】和【F5】键，记录位置，如图7-25所示。

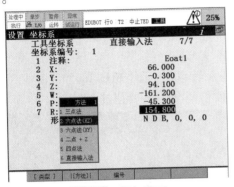

图7-22　详细界面

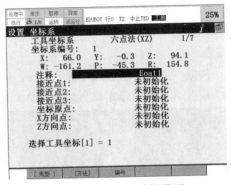

图7-23　坐标系编辑界面

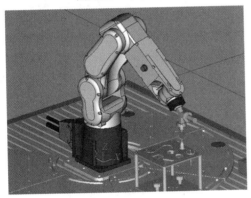

图7-24　接近点1的姿态

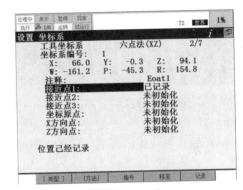

图7-25　记录位置

10）将光标移到"坐标原点"选项，按下"SHIFT"和"F5"键，记录位置。

11）按照步骤8、9的操作步骤，手动操作机器人，依次将其运动到工具坐标系 + X 方向和 + Z 方向，如图7-26和图7-27所示，并选择相应的"X方向点"和"Y方向点"选项，按下"SHIFT"和"F5"键，记录位置。

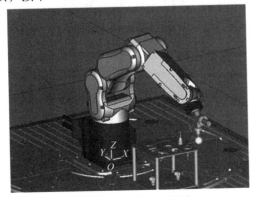

图7-26　X 方向点的姿态

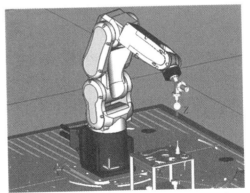

图7-27　Z 方向点的姿态

注意

① 移动机器人到 +X 方向特征点或 +Z 方向特征点时，至少使特征点距离原点 100mm。

② 将光标移动到坐标原点等示教特征点后，按下【SHIFT】和【F4】键，可以使机器人移动到指定的目标点。

12）按照步骤 8、9 的操作步骤，手动操作机器人，依次将其运动到图 7-28 和图 7-29 所示的姿态，并选择相应的"接近点 2"和"接近点 3"选项，按下"SHIFT"和"F5"键，记录位置。

注意

① 接近点 2 的姿态相对于接近点 1，J6 轴至少旋转 90°（但不超过 180°）。

② 接近点 3 的姿态相对于接近点 2，旋转 J4 轴和 J5 轴，不要超过 90°。

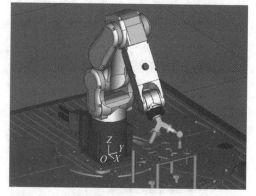
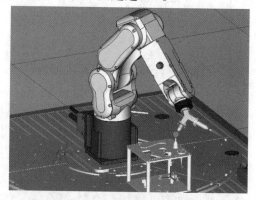

图 7-28　接近点 2 的姿态　　　　　　图 7-29　接近点 3 的姿态

13）当六个点记录完成，新的工具坐标系被自动计算生成，如图 7-30 所示。

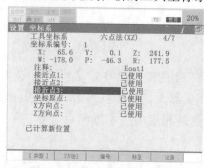
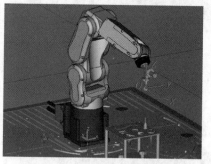

a）工具坐标系定义完成　　　　　　　b）工具坐标系

图 7-30　自定义工具坐标系

7.3.3　用户坐标系建立

用户坐标系是通过相对于世界坐标系的原点位置（X、Y、Z 的值）和绕 X 轴、Y 轴、Z 轴的旋转角（W、P、R 的值）来定义的。图 7-31 所示为用户坐标系效果图。

FANUC 机器人用户坐标系的定义方法有 3 种，即三点法、　　34. FANUC 机器人工件坐标建立

四点法、直接输入法。

（1）三点法　示教三点，即坐标系的原点、X 轴方向上的一点、OXY 平面上的一点。

（2）四点法　示教四点，即平行于坐标系 X 轴的始点、X 轴方向上的一点、OXY 平面上的一点、坐标系的原点。

（3）直接输入法　直接输入用户坐标系相对于世界坐标系的原点位置（X、Y、Z 的值）及其绕 X 轴、Y 轴、Z 轴的回转角（W、P、R 的值）。

下面以机器人 LR Mate 200iD/4S 为例，利用"三点法"介绍用户坐标系的建立步骤，该方法同样适用于 FANUC 其他型号机器人。

图 7-31　用户坐标系效果图

1）将控制器上的模式开关打到"T1"，按下"MENU"键，显示主菜单界面，如图 7-32 所示。

2）按下" 　"键，将光标移至"设置"选项。

3）按下" 　"键，将光标移至"坐标系"选项。

4）按下"ENTER"键，进入坐标系设置界面，如图 7-33 所示。

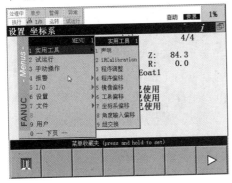

图 7-32　设置坐标系的主菜单界面

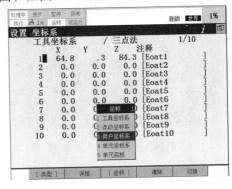

图 7-33　坐标系设置界面

5）按下"F3"键，对应"坐标"功能，选择"用户坐标系"选项按下"ENTER"键。

6）按下"F2"键，对应"详细"功能，进入详细界面。

7）按下"F2"键，对应"方法"功能，选择"三点法"选项，按下"ENTER"键，如图 7-34 所示。

8）将机器人移动到工件表面一个合适的位置，如图 7-35a 所示，用以建立坐标原点。

9）移动光标至"坐标原点"选项，按下"SHIFT"和"F5"键，记录位置，如图 7-35b 所示。

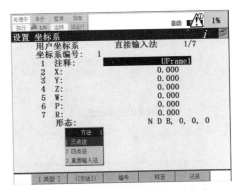

图 7-34　选择建立用户坐标系方法

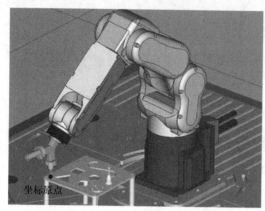

a) 用户坐标系原点姿态　　　　　　　　　b) 记录坐标原点位置

图7-35　示教用户坐标系原点

10）按照步骤8、9的操作步骤，手动操作机器人，依次将其运动到用户坐标系的+X方向和+Y方向，如图7-36和图7-37所示，并选择相应的"X方向点"和"Y方向点"选项，按下"SHIFT"和"F5"键，记录位置。

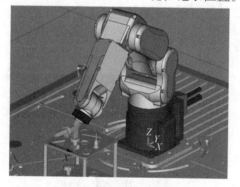

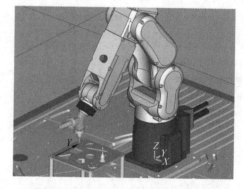

图7-36　X方向点的姿态　　　　　　　　图7-37　Y方向点的姿态

注意　X方向点、Y方向点相对于坐标原点至少偏移100mm。

11）当三个点记录完成，新的用户坐标系被自动计算生成，如图7-38所示。

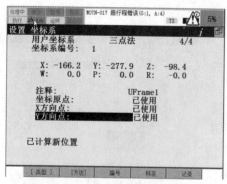

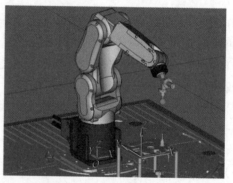

a) 用户坐标系定义完成　　　　　　　　　b) 用户坐标系

图7-38　自定义用户坐标系

7.3.4   I/O 通信

机器人 I/O 接口是用于机器人与末端执行器、外部装置等系统的外围设备进行通信的接口，控制器可根据使用需求扩展各种输入输出单元。机器人 LR Mate 200iD/4S 标配的 I/O 接口可分为机器人 I/O 接口和外围设备 I/O 接口。

35. FANUC 机器人 I/O 通信

1. I/O 接口简介

（1）机器人 I/O 接口   机器人 I/O 接口即 EE 接口，是机器人 4 轴上的信号接口，如图 7-39 所示，主要是用来控制和检测机器人末端执行器的信号。

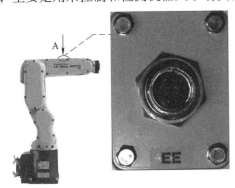 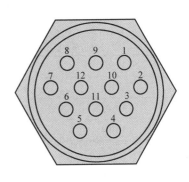

图 7-39   EE 接口

EE 接口共 12 个引脚，包含 8 个通道，供电电压为 DC 24V，通过机器人内部电源供电，共 6 个机器人输入信号、2 个机器人输出信号和 4 个电源信号。EE 接口各引脚功能见表 7-7。

表 7-7   EE 接口各引脚功能

引脚号	名称	功能	引脚号	名称	功能
1	RI 1	输入信号	7	RO 7	输出信号
2	RI 2	输入信号	8	RO 8	输出信号
3	RI 3	输入信号	9	24V	高电平
4	RI 4	输入信号	10	24V	高电平
5	RI 5	输入信号	11	0V	低电平
6	RI 6	输入信号	12	0V	低电平

（2）外围设备 I/O 接口   外围设备 I/O 接口是用来连接外部输入输出设备的接口，用于系统中已经确定了特定用途的专用信号和供用户连接外围设备的通用信号，在控制器 R - 30iB Mate 上为 CRMA15 和 CRMA16 接口，如图 7-40 和图 7-41 所示。

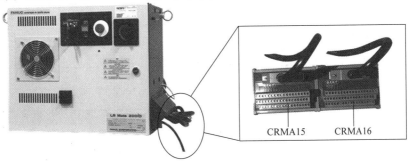

CRMA15   CRMA16

图 7-40   外围设备 I/O 接口

CRMA15 和 CRMA16 接口均有 50 个引脚，因此外围设备 I/O 接口共 100 个引脚，包含 52 个通道，供电电压为 DC 24V，共 28 个输入、24 个输出。

其中，CRMA15 和 CRMA16 均包含数字 I/O 输入输出信号和一些已经确定用途的专用信号，在出厂时已经进行了地址分配，见表 7-8 和表 7-9。

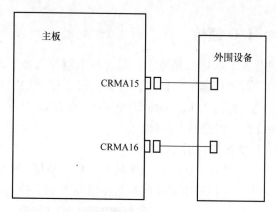

图 7-41　外部设备 I/O 接口图

表 7-8　CRMA15 I/O 分配

01	DI101	18	0V	35	DO103
02	DI102	19	SDICOM1	36	DO104
03	DI103	20	SDICOM2	37	DO105
04	DI104	21		38	DO106
05	DI105	22	DI117	39	DO107
06	DI106	23	DI118	40	DO108
07	DI107	24	DI119	41	—
08	DI108	25	DI120	42	—
09	DI109	26		43	—
10	DI110	27		44	—
11	DI111	28	—	45	—
12	DI112	29	0V	46	—
13	DI113	30	0V	47	—
14	DI114	31	DOSRC1	48	—
15	DI115	32	DOSRC1	49	24F
16	DI116	33	DO101	50	24F
17	0V	34	DO102		

表 7-9　CRMA16 I/O 分配

01	* HOLD	09	—	17	0V
02	RESET	10	—	18	0V
03	START	11	—	19	SDICOM3
04	ENBL	12	—	20	—
05	PNS1	13	—	21	DO120
06	PNS2	14	—	22	—
07	PNS3	15	—	23	—
08	PNS4	16	—	24	—

（续）

25	—	34	FAULT	43	DO111
26	DO117	35	BATALM	44	DO112
27	DO118	36	BUSY	45	DO113
28	DO119	37	—	46	DO114
29	0V	38	—	47	DO115
30	0V	39	—	48	DO116
31	DOSRC2	40		49	24F
32	DOSRC2	41	DO109	50	24F
33	CMDENBL	42	DO110		

2. I/O 信号连接

在使用机器人输入输出信号连接外部设备时，首先需要进行 I/O 硬件连接。下面以光电传感器输入信号和红光点状激光器输出信号为例，介绍 I/O 信号连接。

（1）光电传感器输入信号连接

1）松下 CX441 型光电传感器如图 7-42a 所示，作业电气原理图如图 7-42b 所示。

2）确定机器人接入点。本例使用 DI101 接口。光电传感器的棕色线接入电源 24V 接口，蓝色线接入电源 0V 接口，黑色线接入 CRMA15 接口 1 号引脚，CRMA15 接口的 18、

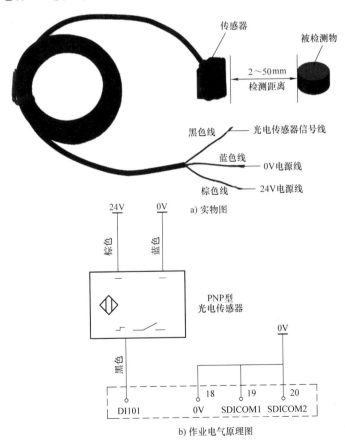

图 7-42　松下 CX441 型光电传感器

159

19、20 号引脚接人电源 0V 接口。

（2）红光点状激光器输出信号连接

红光点状激光器的使用属于机器人与末端执行器的信号通信，以 KYD650N5－T1030 型红光点状激光器为例，使用机器人 EE 接口进行硬件连接。

将激光器的红色线接至 EE 接口的 7 号引脚（红色线为信号线）。白色线为 0V 电源线，连接至 EE 接口的 12 号引脚。红光点状激光器实物图如图 7-43a 所示，作业电气原理图如图 7-43b 所示。

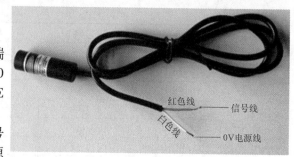

a) 实物图

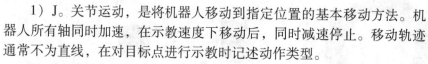
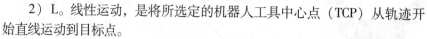

b) 作业电气原理图

图 7-43　红光点状激光器

7.3.5　基本指令

FANUC 机器人的基本指令包括动作指令、I/O 指令、流程指令以及其他常用指令。

1. 动作指令

动作指令是以指定的移动速度和移动方法使机器人向作业空间内的指定位置移动的指令。FANUC 机器人常用的动作指令有 J、L、C 和 A。

1）J。关节运动，是将机器人移动到指定位置的基本移动方法。机器人所有轴同时加速，在示教速度下移动后，同时减速停止。移动轨迹通常不为直线，在对目标点进行示教时记述动作类型。

2）L。线性运动，是将所选定的机器人工具中心点（TCP）从轨迹开始直线运动到目标点。

3）C。圆弧运动，是从动作开始点通过经过点到目标点以圆弧方式对工具中心点移动轨迹进行控制的一种移动方法，其在一个指令中对经过点、目标点进行示教。

4）A。C 圆弧运动，在该动作指令下，在一行中只示教一个位置，连续的 3 个圆弧动作指令将使机器人按照 3 个示教的点位所形成的圆弧轨迹进行动作。

机器人线性运动、关节运动、圆弧运动和 C 圆弧运动的轨迹如图 7-44 ~ 图 7-47 所示。

36. FANUC 机器人基本指令

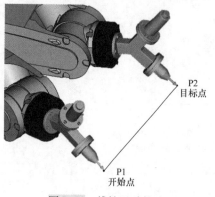

图 7-44　线性运动轨迹

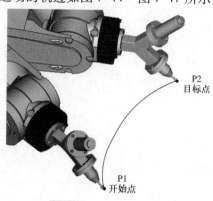

图 7-45　关节运动轨迹

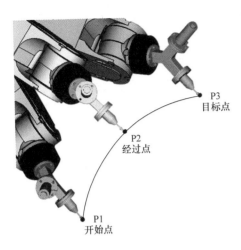

图7-46　圆弧运动轨迹

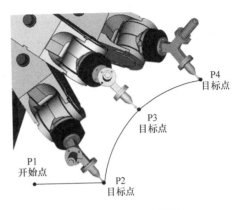

图7-47　C圆弧运动轨迹

常见动作指令格式见表7-10。

表7-10　常见动作指令格式

指令类型	指令格式	注释
线性运动	L P[2]500mm/sec FINE	
关节运动	J P[2]70% FINE	L、J、C、A：动作类型
圆弧运动	C P[2] 　P[3]500mm/sec FINE	P[2]、P[3]、P[4]：目标位置 70%：移动速度占关节运动最大速度的比率 500mm/sec：移动速度
C圆弧运动	A P[2]500mm/sec FINE A P[3]500mm/sec CNT100 A P[4]500mm/sec FINE	FINE：定位类型 CNT100：定位类型

注意

1）在指定了CNT的动作语句后，执行等待指令的情况下，标准设定时机器人会在拐角部分轨迹上停止，执行该指令。

2）在CNT方式下连续执行距离短而速度快的多个动作时，即使CNT的值为100，也会导致机器人减速。

3）机器人的定位类型示意图如图7-48所示。

2. I/O指令

FANUC机器人常用的I/O指令有机器人I/O指令RI［i］、RO［i］和数字I/O指令DI［i］、DO［i］。其中机器人I/O指令用于控制机器人与末端执行器的信号通信，数字I/O指令用于机器人与外围设备进行输入输出信号的通信。

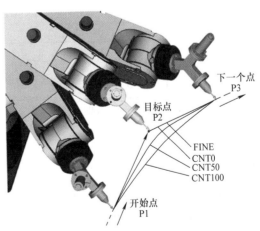

图7-48　机器人的定位类型示意图

1）WAIT RI［i］= ON/OFF。等待机器人手臂末端的输入信号接通或者断开。

2）RO［i］= ON/OFF。将机器人手臂末端的一个输出信号接通或者断开。

3）WAIT DI［i］= ON/OFF。等待机器人数字信号接口中的输入信号接通或者断开。

4）DO［i］= ON/OFF。将机器人数字信号接口中的一个输出信号接通或者断开。

其中：i 表示机器人输入输出信号号码；ON 为信号接通；OFF 为信号断开。

常见 I/O 指令格式见表 7-11。

表 7-11　常见 I/O 指令格式

指令格式	说明
WAIT RI［1］= ON	等待机器人手臂末端的输入信号 RI［1］接通时，机器人继续执行后面程序指令，否则一直等待
RO［1］= ON	接通机器人手臂末端的输出信号 RO［1］
WAIT DI［1］= ON	等待机器人数字信号接口中的输入信号 DI［1］接通时，机器人继续执行后面程序指令，否则一直等待
DO［1］= ON	接通机器人数字信号接口中的输出信号 DO［1］

3. 流程指令

FANUC 机器人常用的流程控制指令有条件指令 IF、循环指令 FOR/ENDFOR、跳转指令 JMP、条件选择指令 SELECT。

1）条件指令 IF。满足不同条件，执行对应程序。例如：

程序	格式
IF　R［1］= 2, JMP LBL［1］	将变量 R［1］的值和另一值进行比较，若 R［1］= 2，跳转到 LBL［1］，否则执行 IF 下面一条指令

2）循环指令 FOR/ENDFOR。可以控制程序指针在 FOR 和 ENDFOR 之间循环执行，执行的次数可以根据需要进行指定。例如：

程序	格式
FOR　R［1］= 1 TO 5 　　L P［1］100mm/sec　CNT100 　　L P［2］100mm/sec　CNT100 ENDFOR	机器人将在 P［1］和 P［2］之间反复运动 5 次，然后结束循环，继续执行 ENDFOR 后面的程序

3）跳转指令 JMP。用于跳转到指定的标签。该指令一旦被执行，程序指针将会从当前行转移到指定程序行。例如：

程序	格式
JMP　LBL［2］ … LBL［2］ L P［2］500mm/sec FINE	跳转到标签 2，开始执行标签 2 后面的程序行

4）条件选择指令 SELECT。根据寄存器的值转移到所指定的跳跃指令或子程序呼叫指令。该指令执行时，将寄存器的值与一个或几个值进行比较，选择值相同的语句执行。例如：

程序	格式
SELECT R［1］ =1, JMP LBL［1］ =2, JMP LBL［2］ =3, JMP LBL［3］ ELSE, CALL SUB2	将寄存器的值与一个或几个值进行比较，当值相等时，执行相应的程序 当 R［1］=1，跳转到 LBL［1］ 当 R［1］=2，跳转到 LBL［2］ 当 R［1］=3，跳转到 LBL［3］ 当 R［1］均不等于上述 3 个比较值，调用 SUB2 子程序

4. 其他常用指令

FANUC 机器人其他常用指令如下。

指令	指令名称	说明
1）R[i] = （值）	数值寄存器指令	用来存储某一整数值或小数值的变量，标准情况下提供有 200 个数值寄存器，可进行数值寄存器算术运算
2）PR[i] = （值）	位置寄存器指令	用来存储位置数据，标准情况下提供有 100 个位置寄存器，可进行代入、加减运算处理。
3）UTOOL[i] = （值）	工具坐标系设定指令	其中 i 为工具坐标系号码（1~10），（值）为位置寄存器变量
4）UFRAME[i] = （值）	用户坐标系设定指令	其中 i 为用户坐标系号码（1~9），（值）为位置寄存器变量
5）UTOOL_NUM = （值）	工具坐标系选择指令	（值）为工具坐标系号码（1~10）
6）UFRAME_NUM = （值）	用户坐标系选择指令	（值）为用户坐标系号码（1~9）
7）WAIT（值）、WAIT（变量）（算符）（值）（处理）	等待指令	可以指定具体的等待时间（单位为 s），也可用于指定等待条件，对变量的值和另一值进行比较，在条件得到满足之前等待

7.3.6　程序编辑

用户在创建程序前，需要对程序的概要进行设计，要考虑机器人执行所期望作业的最有效方法，在完成概要设计后，即可使用相应的机器人指令来创建程序。

37. FANUC 机器人程序编辑

程序的创建一般通过示教器进行。在对动作指令进行创建时，通过示教器手动进行操作，控制机器人运动至目标位置，然后根据期望的运动类型进行程序指令记述。程序创建结束后，可通过示教器根据需要修改和测试程序。

1. 程序创建

1）按下【SELECT】键，进入程序一览界面，如图 7-49 所示。

2）按下【F2】键，对应"创建"功能，进入创建程序界面，如图 7-50 所示。

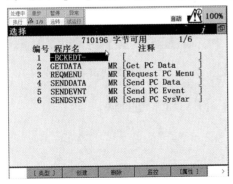

图 7-49　程序一览界面

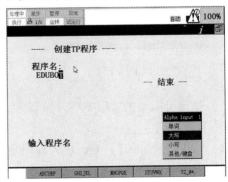

图 7-50　创建程序界面

163

3) 使用光标键, 将右下方的输入方式选定为"大写", 再使用功能键 (F1 ~ F5) 输入程序名。

4) 按下【ENTER】键, 程序名创建完成, 如图 7-51 所示。

2. 添加指令

1) 按下【SELECT】键, 进入程序一览界面。

2) 选择【EDUBOT】再按下【ENTER】键, 进入程序编辑界面, 如图 7-52 所示。

图 7-51 程序名创建完成

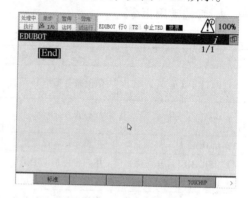

图 7-52 程序编辑界面

3) 将机器人移动到一个合适的位置, 按下"NEXT"→【F1】键, 对应"点"功能, 选择一条你所需要的动作指令。

4) 将光标移动到所需的动作指令, 按下【ENTER】键确认, 如图 7-53 所示。

5) 如需输入动作指令以外的其他指令, 需要在指令选择菜单中进行选择。按下示教器上【NEXT】键, 切换功能键菜单。

6) 按下【F1】键, 对应"指令"功能, 进入指令选择界面, 如图 7-54 所示。

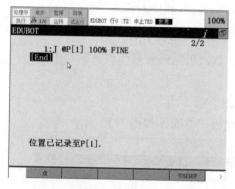

图 7-53 添加程序指令

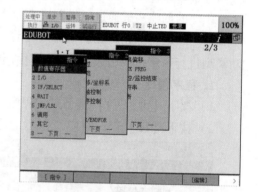

图 7-54 指令选择界面

7) 选择所需要的指令类型, 如等待指令, 按下【ENTER】键确认。

3. 程序再现

1) 按下【SELECT】键, 进入程序一览界面。

2) 选择希望测试的程序, 按下【ENTER】键, 进入程序编辑界面。

3) 选定连续运转方式。确认 STEP"指示灯尚未点亮。(STEP 指示灯已经点亮时, 按下【STEP】键，使"STEP"指示灯熄灭）。

4）将光标移动到程序的开始行，如图7-55所示，按住安全开关，将示教器有效开关置于"ON"。

5）在按住【SHIFT】键的状态下，按下【FWD】键后松开。在程序执行结束之前，持续按住【SHIFT】键。松开【SHIFT】键时，程序在执行的中途暂停。

6）程序执行到末尾后强制结束。光标返回到程序的第一行。

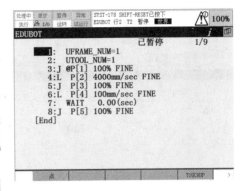

图7-55　程序界面

7.4 综合应用

本节以异步输送带模块为例，通过物料检测与物料搬运操作来介绍FANUC 机器人 I/O 模块输入输出信号的使用。FANUC 机器人的路径规划如图7-56 所示。

路径规划：初始点 P1→圆饼抬起点 P2→圆饼拾取点 P3→圆饼抬起点 P2→圆饼抬起点 P4→圆饼拾取点 P5→圆饼抬起点 P4→初始点 P1。

下面演示机器人 LR Mate 200iD/4S 输送带搬运动作的具体操作步骤。

38. FANUC 机器人
综合应用

1）在模块底部用螺钉将异步输送带模块固定在实训台上，将复合夹具安装在机器人法兰盘末端。

2）准备 24V 电源，连接气管，并将电磁阀线圈的两根线分别连接至电源 24V 接口和机器人通用数字输出信号接口 DO102。驱动电磁阀，产生气压通过真空发生器后，连接至真空吸盘。将机器人 CRMA15 的 18、19、20 号引脚接入电源0V 接口。

3）光电传感器的棕色线接入电源 24V 接口，蓝色线接入电源 0V 接口，黑色线接入机器人通用数字输入信号接口 DI101。当物料到达时，机器人进行信号检测。

4）利用六点法建立工具坐标系"1"（"1"为坐标系编号，操作步骤参考7.3.2节），如图7-57所示。如工具坐标系已创建完成，则无须再次创建。

5）按下【SELECT】键，进入程序一览界面。

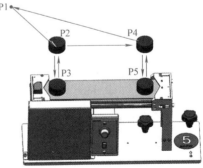

图7-56　FANUC 机器人的路径规划

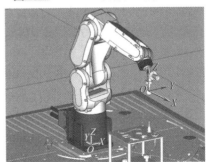

图7-57　建立工具坐标系

6）按下【F2】键，对应"创建"功能，建立一个新的程序"JIANCE"，如图7-58所示。

7）按下【ENTER】键，进入程序编辑界面，如图7-59所示。

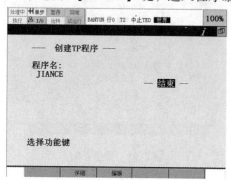
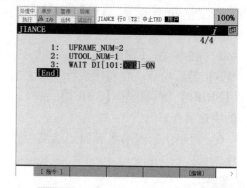

图7-58 新建程序　　　　　图7-59 "JIANCE"程序编辑界面

8）添加坐标系选择指令，选择工具坐标系"1"和用户坐标系"2"。将示教坐标切换成"用户坐标2"。

9）添加图7-59所示的等待条件指令（将物料检测信号传感器连接至外部输入信号 DI[101]）。

10）将机器人移动到P1，如图7-60所示，添加如下动作指令，记录位置。

J P[1]50% CNT20

11）将机器人移动到P2，如图7-61所示，添加如下动作指令，记录位置。

J P[2]50% CNT20

图7-60 路径规划第1点　　　　　图7-61 路径规划第2点

12）将机器人移动到P3，如图7-62所示，添加如下动作指令，记录位置。

L P[3]100mm/sec FINE

13）添加如下机器人输出指令和等待时间指令。

DO[102:OFF] = ON

WAIT 0.5(sec)

14）添加如下动作指令，使机器人运动到P2。

L P[2]100mm/sec CNT20

15）将机器人移动到P4，如图7-63所示，添加如下动作指令，记录位置。

L P[4]100mm/sec CNT20

图7-62　路径规划第3点

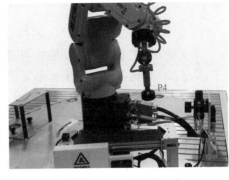

图7-63　路径规划第4点

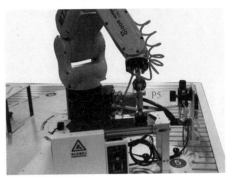

16）将机器人移动到P5，如图7-64所示，添加如下动作指令，记录位置。

L P[5]100mm/sec FINE

17）添加如下机器人输出指令和等待时间指令（上述步骤为示教点的步骤）。

DO[102：OFF] = OFF

WAIT 0.5(sec)

18）添加如下动作指令，回到P4。

L P[4]100mm/sec CNT20

19）添加如下动作指令，回到安全点。

J P[1]50% CNT20

图7-64　路径规划第5点

20）确认"STEP"指示灯尚未点亮，将光标移动到第一行。

21）半按住安全开关不放，使电机上电。在按住"SHIFT"键的状态下，按下"FWD"键后松开，机器人开始执行运动程序。

完整程序如下。

```
1：UFRAME_NUM = 2
2：UTOOL_NUM = 1
3：WAIT   DI [101：OFF] = ON
4：J P [1] 50% CNT20
5：J P [2] 50% CNT20
6：L P [3] 100mm/sec FINE
7：DO [102：OFF] = ON
8：WAIT   0.5 (sec)
9：L P [2] 100mm/sec CNT20
10：L P [4] 100mm/sec CNT20
11：L P [5] 100mm/sec FINE
12：DO [102：OFF] = OFF
13：WAIT   0.5 (sec)
14：L P [4] 100mm/sec CNT20
15：J P [1] 50% CNT20
[End]
```

思 考 题

1. FANUC 机器人的运动模式有哪几种？

2. FANUC 机器人工具坐标系常用定义方法有哪几种？

3. 概述 FANUC 机器人用户坐标系建立方法。

4. 机器人 LR Mate 200iD/4S 标配的 I/O 接口可分为哪几种？

5. FANUC 机器人常用的动作指令有哪些？

第8章

Chapter

工业机器人离线编程

当前工业自动化市场竞争日益加剧，用户在生产中不仅要求更高的效率，以降低价格，而且要求提高质量。因此让机器人编程在新产品生产之初花费时间检测或试运行是不可行的，这意味着要停止现有的生产以对新的或修改的部件进行编程。不首先验证到达距离及工作区域，而冒险制造刀具和固定装置已不再是首选方法。现代生产厂家在设计阶段就会对新部件的可制造性进行检查。在为机器人编程时，离线编程可与建立机器人应用系统同时进行。

在产品制造的同时对机器人系统进行离线编程，可提早开始产品生产，缩短上市时间。离线编程在实际机器人安装之前，通过可视化及可确认的解决方案和布局来降低风险，并通过创建更加精确的路径来获得更高的部件质量。

 8.1 离线编程技术

离线编程是针对机器人在线示教存在时效性差、效率低且具有安全隐患等缺点而产生的一种技术。它不需要操作人员对实际作业的机器人进行在线示教，而是通过离线编程系统对作业过程进行程序编程和虚拟仿真，这大大提高了机器人的使用效率和工业生产的自动化程度。

离线编程是利用计算机图形学的成果，在其软件系统环境中创建机器人系统及其作业场景的几何模型，通过对模型的控制和操作，使用机器人编程语言描述机器人的作业过程，然后对编程的结果进行虚拟仿真，离线计算、规划和调试机器人程序的正确性，并生成机器人控制器

39. 离线编程
技术简介

能够执行的程序代码，最后通过通信接口发送给机器人控制器。

在线示教与离线编程的特点对比见表8-1。

表 8-1　在线示教与离线编程的特点对比

在线示教	离线编程
需要实际机器人系统和作业环境	需要机器人系统和作业环境的几何模型
编程时机器人停止作业	编程时不影响机器人作业
在实际系统上试运行程序	通过虚拟仿真试验程序
操作人员的经验决定编程质量	可用 CAD 方法进行最佳轨迹规划
难以实现复杂的机器人运行轨迹	能够实现复杂运行轨迹的编程
适用于大批量生产、工作任务相对简单且不变化的作业任务	适用于中、小批量的生产要求

市场上的离线编程软件有 ABB 机器人的 RobotStudio 软件、KUKA 机器人的 Sim Pro 软件、YASKAWA 机器人的 MotoSim EG – VRC 软件、FANUC 机器人的 ROBOGUIDE 软件、爱普生机器人的 RC + 软件等，大多数机器人公司将这些软件作为用户的选购附件出售。

本章主要介绍 ABB RobotStudio 离线编程软件，对于其他工业机器人离线编程软件，读者可自行查阅相关资料。

8.2　RobotStudio 下载与安装

为了提高生产率，降低购买与实施机器人解决方案的总成本，ABB 开发了一款适用于机器人寿命周期各个阶段的软件产品——RobotStudio。它是一款 ABB 机器人仿真软件。

RobotStudio 可在实际构建机器人系统之前，先进行系统设计和试运行。还可以利用该软件确认机器人是否能到达所有编程位置，并计算解决方案的工作周期。

8.2.1　RobotStudio 下载

RobotStudio 下载地址：http：//new. abb. com/products/robotics/robotstudio/downloads，如图 8-1 所示。

8.2.2　RobotStudio 安装

将下载的软件压缩包解压后，打开文件夹，双击 setup. exe，如图 8-2 所示，然后按照提示安装软件。本书以 RobotStudio6. 04 版本为基础，进行相关应用介绍。

安装完成后，计算机桌面出现对应的快捷按钮：32 位操作系统有一个；64 位操作系统有两个，如图 8-3 所示。

为了确保 RobotStudio 能够顺利安装，计算机系统配置要求见表 8-2。

图 8-1　RobotStudio 下载地址

图 8-2 安装软件

图 8-3 64 位操作系统的快捷按钮

表 8-2 计算机系统配置要求

硬件	要求
CPU	主频 2.0GHz 或以上
内存	3GB 或以上（Windows 32 – bit） 8GB 或以上（Windows 64 – bit）
硬盘	空闲 10GB 以上
显卡	独立显卡
操作系统	Microsoft Windows 7 SP1 或以上

 ## 8.3 RobotStudio 软件简介

8.3.1 用户界面

RobotStudio 的用户界面如图 8-4 所示，界面中间是工作站加载的 3D 模型视图，此外还有功能选项卡、快捷工具栏、输出窗口、运动指令设定栏等。

1. 功能选项卡

功能选项卡有"文件""基本""建模""仿真""控制器""RAPID""Add – Ins"共 7 个。

2. 快捷工具栏

快捷工具栏显示常用的快捷工具，如查看全部、选择表面、捕捉中心等。

3. 输出窗口

输出窗口显示工作站内出现的事件的相关信息，如启动或停止仿真的时间。输出窗口中的信息对排除工作站故障很有用。

4. 运动指令设定栏

运动指令设定栏可用于设定运动指令的运动模式、速度和坐标系等参数。

8.3.2 常用操作

1. 基本操作

模型被导入后，经常需要进行视角变换以及平移等操作，基本操作方法见表 8-3。

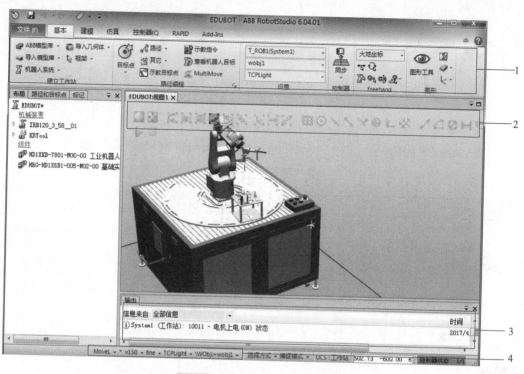

图 8-4 RobotStudio 的用户界面

1—功能选项卡 2—快捷工具栏 3—输出窗口 4—运动指令设定栏

表 8-3 基本操作方法

基本操作	图标	使用键盘/鼠标组合	描述
选择项目			只需单击要选择的项目即可；要选择多个项目，在按 < Ctrl > 键的同时依次单击新项目
旋转工作站		< Ctrl > + < Shift > +	按 < Ctrl > + < Shift > +左键的同时，拖动鼠标对工作站进行旋转；或同时按中间滚轮和右键（或左键）旋转
平移工作站		< Ctrl > +	按 < Ctrl > +左键的同时，拖动鼠标对工作站进行平移
缩放工作站		< Ctrl > +	按 < Ctrl > +右键的同时，将鼠标拖至左侧可以缩小，拖至右侧可以放大；或按住中间滚轮拖动
局部缩放		< Shift > +	按 < Shift > +右键的同时，拖动鼠标框选择要放大的局部区域

当需要将外部模型导入工作站时，可以通过单击"导入几何体"→"浏览几何体"按钮来实现；也可以通过菜单栏中"建模"功能绘制需要的几何体模型。通过以上方式，可以建立需要的工作站布局。

2. 恢复默认布局

操作 RobotStudio 时，经常会遇到操作窗口被意外关闭，从而无法找到对应的控件和信息的情况。用户可以进行以下操作，恢复默认布局。

1）单击图 8-5 所示的下拉按钮，打开下拉菜单。

2）选择"默认布局"选项，便可恢复窗口的布局。

图 8-5 恢复默认布局

 8.4 输送带搬运实训仿真

本节开始进行输送带搬运实训仿真，任务是利用 Smart 组件创建一个输送带搬运的仿真动画。Smart 组件就是在 RobotStudio 中实现动画效果的高效工具。要完成本实训仿真任务，需要进行输送带搬运实训工作站搭建、机器人系统创建、动态输送带创建、动态搬运工具创建、搬运程序创建、工作站逻辑设定和仿真调试 7 个部分的操作。通过本章的学习，用户可以掌握模型的导入和安装、Smart 组件创建动态工具、Smart 组件创建动态输送带、Smart 组件工作站逻辑、搬运路径示教和仿真调试等技巧。

40. 实训工作站搭建、
机器人系统创建

8.4.1 实训工作站搭建

1. 实训台安放

本章所涉及的机器人和实训模块都要安装到"HRG – HD1XKB 工业机器人技能考核实训台"上，因此需要先安放实训台。安放实训台的操作步骤如下。

1）新建空工作站。打开 RobotStudio 软件，选择"文件"选项卡，选择"空工作站"→"创建"选项，如图 8-6 所示。

2）导入实训台。选择"基本"选项卡，选择"导入模型库"→"浏览库文件"选项，在弹出的浏览窗口中选择并打开"HD1XKB 工业机器人技能考核实训台"。

3）调整实训台位置。选择"布局"窗口，选择"HD1XKB 工业机器人技能考核实训台"选项。然后在"基本"选项卡中，单击"Freehand"选项组中的"移动"按钮，实训台上会出现三维坐标轴，如图 8-7 所示。通过拖拽三维坐标轴，将实训台移动到合适的位置，完成实训台安放。

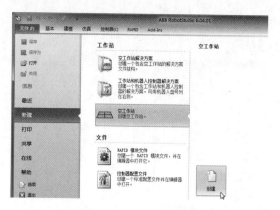

图 8-6　新建空工作站

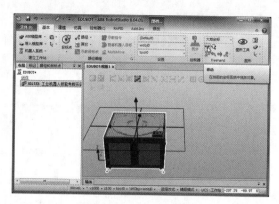

图 8-7　调整实训台位置

2. 机器人安装

在不同的虚拟仿真任务中，用户需要根据任务要求和作业环境，选择合适的机器人。本章选择的是机器人 IRB120。安装机器人 IRB120 的操作步骤如下。

1）选择机器人及其版本。选择"基本"选项卡，选择"ABB 模型库"选项，选择"IRB120"，如图 8-8 所示。在弹出的"IRB120"对话框中，选择"IRB120"，再单击"确定"按钮。

2）安装机器人。选择"布局"窗口，右击"IRB120_3_58 __ 01"，在弹出的右键菜单中选择"安装到"→"HD1XKB 工业机器人技能考核实训台"选项，如图 8-9 所示。在弹出的"更新位置"对话框中，单击"是"按钮，更新机器人位置。

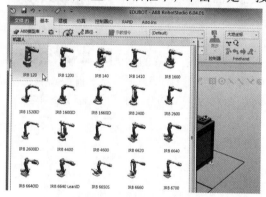

图 8-8　选择机器人 IRB120

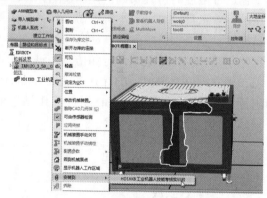

图 8-9　安装机器人

3）调整机器人位姿。选择"布局"窗口，右击"IRB120_3_58 __ 01"，在弹出的右键菜单中选择"位置"→"设定位置"选项，如图 8-10 所示。例如：在"方向"输入框内输入角度（0，0，-90），单击"应用"按钮，完成机器人位姿调整。

3. 工具安装

针对不同的虚拟仿真任务，用户需要根据任务要求和作业环境，选择合适的工具。本章选择的是 J01 Y 型夹具。安装 J01 Y 型夹具的操作步骤如下。

1）导入工具。选择"基本"选项卡，选择"导入模型库"→"浏览库文件"选项，在弹出的浏览窗口中选择并打开"J01 Y 型夹具"。

2）安装工具。选择"布局"窗口，拖拽"J01 Y 型夹具"到"IRB120_3_58__01"，如

图 8-11 所示。在弹出的"更新位置"对话
框中单击"是（Y）"按钮，完成工具安装，
如图 8-12 所示。

4. 异步输送带模块安装

本章选择安装 MA05 异步输送带模块。
该模块上电后，输送带转动，工件从输送带
一端运行至另一端，端部单射光电开关感应
到工件后发出工件到位信号。安装异步输送
带模块的操作步骤如下。

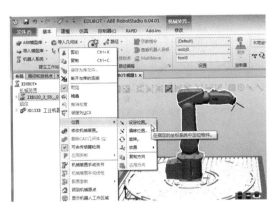

图 8-10　调整机器人位姿

1）导入异步输送带模块。选择"基
本"选项卡，选择"导入模型库"→"浏
览库文件"选项，在弹出的浏览窗口中选择并打开"MA05 异步输送带模块"。

图 8-11　安装工具

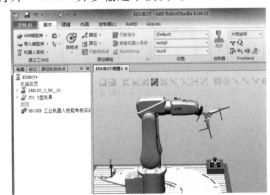

图 8-12　J01 Y 型夹具安装完成

2）调整模块位置。选择"布局"窗口，选择"MA05 异步输送带模块"选项。然后在
"基本"选项卡中，单击"Freehand"选项组中的"移动"按钮，模块上出现三维坐标轴，
拖拽模块到合适的位置，如图 8-13 所示。

如果想要将模块精确地放置到实训台上，可以采用两点法来放置。

① 右击"MA05 异步输送带模块"，在弹出的右键菜单中选择"位置"→"放置"→
"两点"选项，如图 8-14 所示。

图 8-13　调整模块位置

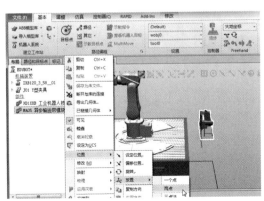

图 8-14　两点法放置

② 在快捷工具栏设置对象。将"选择方式"改为"选择部件","捕捉模式"改为"捕捉中心",如图 8-15 所示。

③ 设定位置坐标。将视图视角移至模块底部。先单击"主点－从"下方的输入框,然后单击 P1 点;先单击"X 轴上的点－从"的输入框,然后单击 P3 点,如图 8-16 所示。

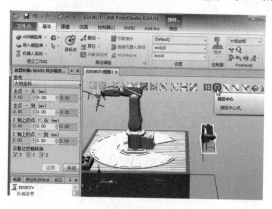

图 8-15　设置对象

图 8-16　模块上的位置点选择

将视角变换到实训台 1 号扇形安装板。先单击"主点－到"的输入框,然后单击 P2 点;先单击"X 轴上的点－到"的输入框,然后单击 P4 点,如图 8-17 所示。单击"应用"按钮,完成模块安装。

3）导入搬运工件。选择"基本"选项卡,选择"导入模型库"→"浏览库文件"选项,在弹出的浏览窗口中选择并打开"搬运工件"。

4）设定工件位置。右击"搬运工件",在弹出的右键菜单中选择"位置"→"设定位置"选项,并取消快捷工具栏中的"捕捉中心",单击"位置 X、Y、Z"下方的输入框,单击输送带上的 P1 点,如图 8-18 所示。单击"应用"按钮,完成搬运工件安装,如图 8-19 所示。到此,整个机器人实训工作站搭建完成。

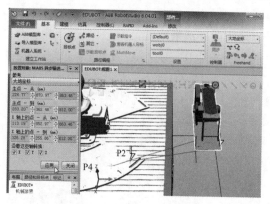

图 8-17　实训台上的位置点选择

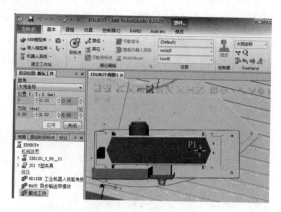

图 8-18　设定工件位置

8.4.2　机器人系统创建

搭建完实训工作站后需要为机器人加载系统,建立虚拟控制器,使其具有相关的电气特性来完成对应的仿真操作。机器人系统创建的操作步骤如下。

1）选择"基本"选项卡，选择"机器人系统"→"从布局…"选项，如图8-20所示。

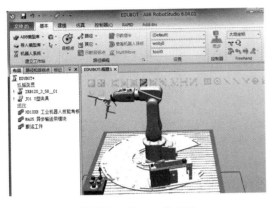

图8-19　搬运工件安装

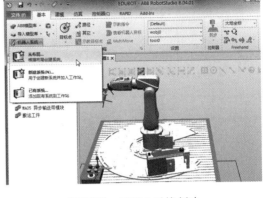

图8-20　机器人系统创建

2）在弹出的"从布局创建系统"对话框中修改系统名称、位置，选择6.04.01.00版本，单击"下一个"按钮。选中之前导入的机器人型号，单击"下一个"按钮，如图8-21所示。单击"完成"按钮，完成系统创建。

8.4.3　动态输送带创建

要求的仿真效果是：仿真开始时，在输送带的一端产生物料，物料随着输送带往另一端运动。当传感器检测到物料时，物料停

图8-21　选择机器人系统相关信息

止运动。当物料离开传感器检测范围后，输送带上再次产生物料，开始下一个循环。动态输送带创建的具体操作步骤如下。

1. 物料源设定

1）创建Smart组件。选择"建模"选项卡，选择"Smart组件"选项。右击"SmartComponent_1"，在弹出的快捷菜单中选择"重命名"选项，将其命名为"SC_Conveyor"，如图8-22所示。

41. 动态输送带创建、动态搬运工具创建

2）添加组件Source。选择"SC_Conveyor"窗口，选择"组成"选项卡，选择"添加组件"→"动作"→"Source"选项，如图8-23所示。

对于新添加的组件Source，需要对其属性进行相关设置。

① 选择"属性：Source"窗口，将"Source"设定为"搬运工件"，如图8-24所示。将快捷工具栏中"选择方式"改为"选择部件"，"捕捉模式"改为"捕捉圆心"。单击"Position"输入框，捕获"视图"窗口中的"搬运工件"上表面圆心，对应的坐标值自动更新到"Position"的输入框中。

图 8-22　创建 Smart 组件

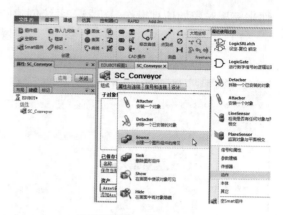

图 8-23　添加组件 Source

② 参考现有的坐标数据，将"Position"*Z* 坐标值修改为"969.16"，并勾选"Transient"选项，如图 8-25 所示，以便仿真结束后，复制品全部消失。单击"应用"按钮，完成 Source 属性的设置。

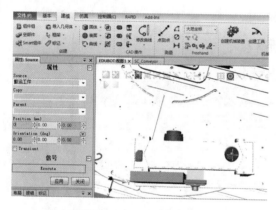

图 8-24　Source 属性设置 1

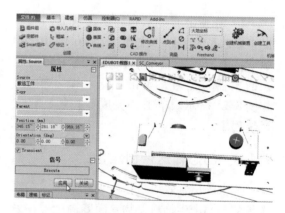

图 8-25　Source 属性设置 2

注意

a. 因为上一步骤捕获的是"搬运工件"上表面圆心位置，而这里要获取的是下表面圆心位置，所以将所得的 *Z* 坐标值减少 20mm。

b. 组件 Source 用于设定产品源，每当触发一次 Source 执行，都会自动生成一个产品源的复制品，此处将要搬运工件设为产品源，则每次触发后都会产生一个搬运工件的复制品。

2. 运动属性设定

1）添加相关组件。

① 选择"添加组件"→"其它[⊖]"→"Queue"选项，添加组件 Queue，如图 8-26 所示。组件 Queue 可以将同类型物体做队列处理，此处 Queue 暂时不需要设置其属性。

② 选择"添加组件"→"本体"→"LinearMover"选项，添加组件 LinearMover。

———————

⊖　为了与软件一致，此处用"其它"一词，而不用"其他"一词。

2）组件属性设置。

① 将快捷工具栏中"选择方式"改为"选择部件"，"捕捉模式"改为"捕捉中心"。单击"搬运工件"圆心 P1，获取该点的坐标为（346.15，261.18，989.16），如图 8-27 所示。

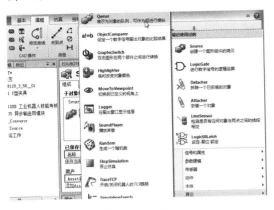

图 8-26　添加组件 Queue

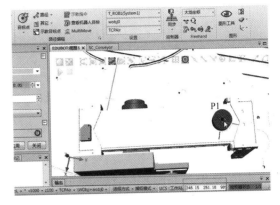

图 8-27　获取圆心 P1

② 将快捷工具栏中"捕捉模式"改为"捕捉末端"，单击 P2，获取该点的坐标为（408.51，12.02，980），如图 8-28 所示。

③ 设定"Direction"的坐标为（62.36，−249.16，0）。

注意　"Direction"的值决定了运动方向，该方向是由 P1 指向 P2，所以将 P2、P1 差值（P2−P1）的 X、Y 坐标设定为"Direction"的 X、Y 坐标，Z 坐标为 0。

④ "Object"设定为"SC_Conveyor/ Queue"；"Speed"设定为"150"；"Execute"设定为"1"，如图 8-29 所示。参数设置完成后，单击"应用"按钮，完成组件的属性设置。

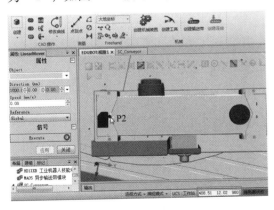

图 8-28　获取 P2

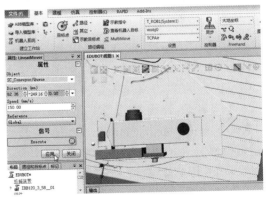

图 8-29　设置其他参数

3. 限位传感器创建

1）添加相关组件。选择"添加组件"→"传感器"→"PlaneSensor"选项，添加组件 PlaneSensor。

2）组件属性设置。创建 PlaneSensor 需要设定"Origin""Axis1"和"Axis2"这 3 个参数，如图 8-30 所示。

注意　在输送带的挡板处设置面传感器，设置方法为捕捉一个点作为参考原点 Origin，然后设置基于原点 Origin 的两个延伸轴的方向及长度（参考大地坐标方向），这样就构成了一个平面，按照图 8-30 所示来设定原点以及延伸轴。

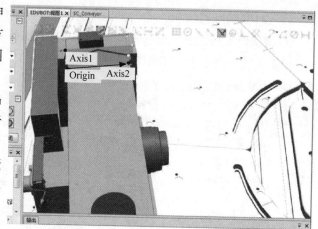

图 8-30　设置组件 PlaneSensor 的属性参数

此平面作为面传感器来检测产品到位，并会自动输出一个信号，用于逻辑控制。

3）设定"Origin"参数。将快捷工具栏中"选择方式"改为"选择部件"，"捕捉模式"改为"捕捉边缘"。单击"Origin"下方的输入框，在视图中单击 P3，如图 8-31 所示，作为面传感器的"Origin"。

4）设定"Axis1"的坐标为（0，0，30）。

5）单击 P4，获取该点的坐标为（366.81，29.12，972），如图 8-32 所示。

6）设定"Axis2"的坐标为（-72.05，-19.07，0），将信号"Active"设定为"1"，使传感器处于激活状态。单击"应用"按钮，完成限位传感器的创建。

注意　"Axis2"的方向是由 P3 指向 P4，所以将 P4、P3 差值（P4-P3）的 X、Y 坐标设定为"Axis2"的 X、Y 坐标，Z 坐标为 0。

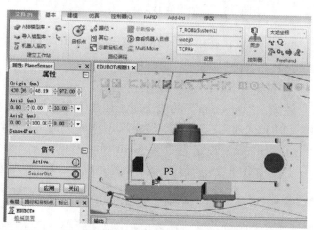

图 8-31　设定"Origin"参数

7）屏蔽干扰项设置。选择"布局"窗口，右击"MA05 异步输送带模块"，在弹出的右键菜单中选择"可由传感器检测"选项，使"可由传感器检测"处于取消勾选状态，如图 8-33 所示。

8）添加并设置组件 LogicGate。

① 选择"布局"窗口，将"MA05 异步输送带模块"拖拽至"SC_Conveyor"。

② 选择"添加组件"→"信号和属性"→"LogicGate"选项。

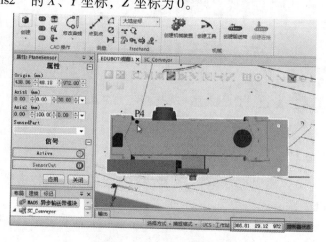

图 8-32　获取 P4 的位置坐标

③ 选择"属性：LogicGate"窗口，将"Operator"设定为"NOT"，并单击"关闭"按钮。

注意 在 Smart 组件应用中只有信号发生 0→1 的变化时，才可以触发事件。假如有一个信号 A，希望当信号 A 由 0→1 时触发事件 B1，信号 A 由 1→0 时触发事件 B2。这样事件 B1 可以通过直接信号 A 连接进行触发，但是事件 B2 就需要引入一个非门与 A 相连接，这样当信号 A 由 1→0 时，经过非门运算之后

图 8-33 屏蔽干扰项设置

则转换成由 0→1，然后再与事件 B2 连接，最终当信号 A 由 1→0 时触发了事件 B2。

4. 属性与连结设定

属性连结指的是各 Smart 子组件的某项属性之间的连结，如组件 A 中的某项属性 a1 与组件 B 中的某项属性 b1 建立属性连结，则当 a1 发生变化时，b1 也随着一起变化。

设定属性与连结的具体操作步骤如下。

选择"SC_Conveyor"窗口，选择"属性与连结"选项卡，选择"添加连结"选项。在弹出的"添加连结"对话框中设定图 8-34 所示的内容，并单击"确定"按钮。

Source 的 Copy 指的是有源的复制品，Queue 的 Back 指的是下一个将加入队列的物体。通过这样的连结，可让产品源产生的复制品作为即将加入队列的物体。当执行加入队列动作后，该复制品会自动加入队列中，而队列是一直执行线性运动的，则生成的复制品也会随着队

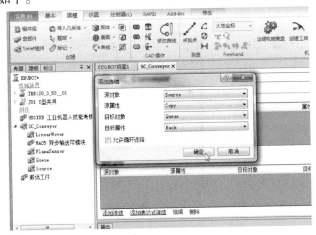

图 8-34 属性与连结设定

列进行线性运动，而当执行退出队列操作时，复制品退出队列之后就停止线性运动了。

5. 信号和连接设定

I/O 信号指的是在本工作站中自行创建的数字信号，用于与各个 Smart 组件进行信号交互。I/O 连接指的是创建的 I/O 信号与 Smart 组件信号，以及各 Smart 组件间的信号连接关系。信号和连接设定的操作步骤如下。

1）添加 I/O Signals。选择"SC_Conveyor"窗口，选择"信号和连接"选项卡，选择"添加 I/O Signals"选项。在弹出的"添加 I/O Signals"对话框中设定图 8-35 所示的内容，并单击"确定"按钮。

2）添加 I/O Connection。选择"SC_Conveyor"窗口，选择"信号和连接"选项卡，选

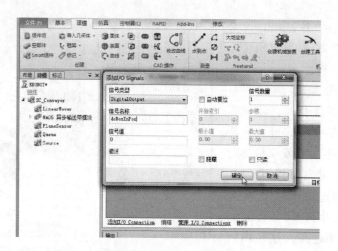

图 8-35　添加 I/O Signals

择"添加 I/O Connection"选项。在弹出的"添加 I/O Connection"对话框中设定图 8-36 所示的内容，并单击"确定"按钮，完成第 1 个 I/O Connection 的添加。

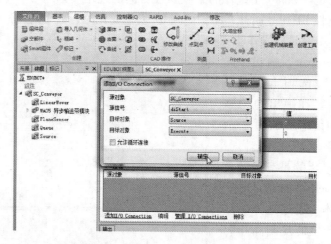

图 8-36　添加第 1 个 I/O Connection

同理，依次按照图 8-37 ~ 图 8-41 所示内容，添加第 2 ~ 6 个 I/O Connection。

图 8-37　添加第 2 个 I/O Connection

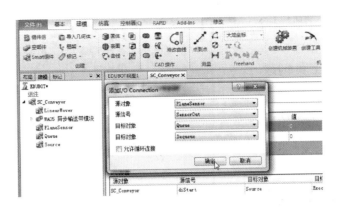

图 8-38　添加第 3 个 I/O Connection

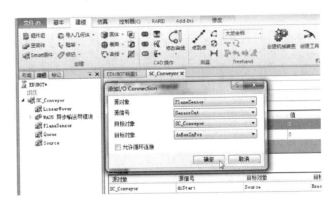

图 8-39　添加第 4 个 I/O Connection

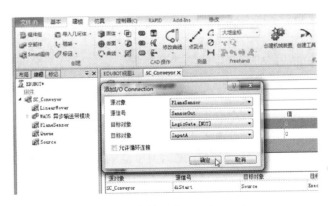

图 8-40　添加第 5 个 I/O Connection

在本任务中一共创建了 6 个连接，下面来梳理一下整个事件的触发过程。

① 利用创建的启动信号 diStart 触发一次 Source，使其产生一个复制品。

② 复制品产生之后自动加入设定好的队列 Queue 中，并随 Queue 一起沿着输送带运动。

③ 当复制品运动到输送带末端时，与面传感器 PlaneSensor 接触，即退出队列 Queue，并且该产品到位信号 doBoxInPos 置 1。

④ 通过非门的中间连接，最终实现当复制品与面传感器不接触时，自动触发 Source 再

次产生一个复制品。此后进入下一循环。

8.4.4　动态搬运工具创建

在本任务中使用 Y 型夹具的真空吸盘工具来进行产品的拾取释放，基于此吸盘工具来创建一个具有 Smart 组件特性的工具。工具动态效果包含在输送带两端拾取产品、在放置位置释放产品。动态搬运工具创建的具体操作步骤如下。

图 8-41　添加第 6 个 I/O Connection

1. 工具属性设定

首先创建一个 Smart 组件，并对其进行相关设定，使其具有工具的特性，来实现后续的动态效果。

1）新建 Smart 组件。选择"建模"选项卡，选择"Smart 组件"选项。右击"Smart-Component_1"，在弹出的右键菜单中选择"重命名"选项，将其命名为"SC_Gripper"。

2）调整工具姿态。选择"布局"窗口，右击"IRB120_3_58__01"，在弹出的右键菜单中选择"机械装置手动关节"选择。在"手动关节运动"窗口中，将机器人 5 轴角度调整为 45°，将 6 轴角度调整为 180°，如图 8-42 所示。

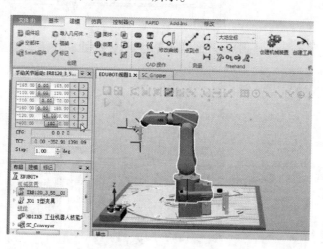

图 8-42　调整工具姿态

3）拆除工具。选择"布局"窗口，右击"J01 Y 型夹具"，在弹出的右键菜单中选择"拆除"选项，如图 8-43 所示。在弹出的"位置更新对话框"中单击"否（N）"按钮。

4）工具添加至 Smart 组件。将"J01 Y 型夹具"拖拽至"SC_Gripper"。选择"SC_Gripper"窗口，在"组成"选项卡中右击"J01 Y 型夹具"，在弹出的右键菜单中选择"设定为 Role"选项，使"设定为 Role"处于勾选状态，如图 8-44 所示。这样使得 SC_Gripper 组件具有了夹具的特性。

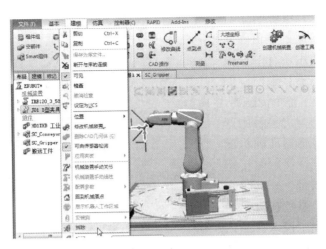

图 8-43 拆除工具

5）安装 Smart 组件。

① 选择"布局"窗口，将"SC_Gripper"拖拽至"IRB120_3_58__01"，即将"SC_Gripper"安装到机器人法兰盘上。在弹出的"更新位置"对话框中，单击"否（N）"按钮。

② 在弹出的"Tooldata 已存在"对话框中单击"是（Y）"按钮，更新 TCPLight 的工具数据。

③ 在弹出的"Tooldata 已存在"对话框中单击"是（Y）"按钮，更新 TCPAir 的工具数据。

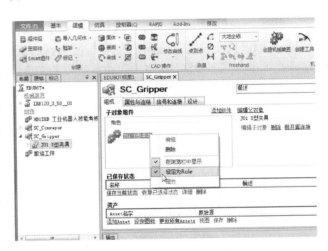

图 8-44 工具添加至 Smart 组件

2. 检测传感器创建

实现拾取和释放效果的前提是系统能够检测到产品，因此需要创建一个检测传感器。

1）添加组件 LineSensor。选择"SC_Gripper"窗口，选择"组成"选项卡，选择"添加组件"→"传感器"→"LineSensor"选项。

2）设置 LineSensor 属性。

① 将快捷工具栏中"选择方式"改为"选择部件"，"捕捉模式"改为"捕捉中心"。

② 选择"属性：LineSensor"窗口，单击"Start"输入框。在"视图"窗口中捕获工具末端圆心，相应的坐标数据自动更新到左侧输入框中。

③ 参照现有"Start"下方的数据，将"End"坐标设定为（0，−373.52，1245）；"Start"坐标设定为（0，−373.52，1270）；将"Radius"设定为"2"；将"Active"和"SensorOut"设定为"0"，如图 8-45 所示，并单击"应用"按钮，完成 LineSensor 属性设置。

注意 在当前工具姿态下，终点 End 相对于起始点 Start 在大地坐标系 Z 轴负方向上偏移一定距离，所以可以参考起始点 Start 直接输入终点 End 的数值。此外，虚拟传感器的使用还有一项限制，即当产品与传感器接触时，如果接触部分完全覆盖了整个传感器，则传感器不能检测到与之接触的产品。换言之，若要传感器准确检测到产品，则必须保证在接触时传感器的一部分在产品内部，一部分在产品外部。所以为了避免在吸盘拾取产品时该传感器完全浸入产品内部，人为将起始点 Start 的 Z 值加大，保证在拾取时该传感器一部分

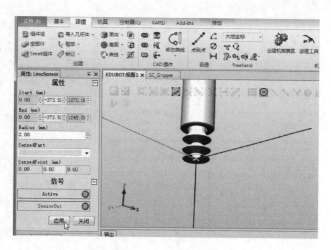

图 8-45　设置 LineSensor 属性

在产品内部，一部分在产品外部，这样才能够准确地检测到该产品。

3）屏蔽干扰项设置。选择"布局"窗口，右击"J01 Y 型夹具"，在弹出的右键菜单中选择"可由传感器检测"，使"可由传感器检测"处于取消勾选的状态。

3. 拾取释放动作设定

1）添加组件 Attacher。选择"添加组件"→"动作"→"Attacher"选项。

2）Attacher 属性设置。选择"属性：Attacher"窗口，将"Parent"设定为"SC_Gripper"，并单击"关闭"按钮，完成属性设置。

3）添加组件 Detacher。选择"添加组件"→"动作"→"Detacher"选项。

4）Detacher 属性设置。选择"属性：Detacher"窗口，勾选"KeepPosition"选项。这样被释放的产品将保持不动。单击"关闭"按钮，完成属性设置。

5）添加组件 LogicGate。选择"添加组件"→"信号和属性"→"LogicGate"选项。

6）LogicGate 属性设置。选择"属性：LogicGate"窗口，将"Operator"设定为"NOT"，并单击"关闭"按钮，完成属性设置。

7）添加组件 LogicSRLatch。选择"添加组件"→"信号和属性"→"LogicSRLatch"选项。

4. 属性与连结设定

1）添加连结。选择"SC_Gripper"窗口，选择"属性与连结"选项卡，选择"添加连结"选项。

2）添加 LineSensor 连结。在弹出的"添加连结"对话框中设定图 8-46 所示的内容，单击"确定"按钮，完成连结。

注意　LineSensor 的属性 SensedPart 指的是线传感器所检测到的与其发生接触的产品。此处连结

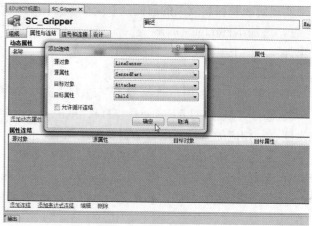

图 8-46　添加 LineSensor 连结

的意思是将线传感器所检测到的产品作为拾取的子对象。

3）添加 Attacher 连结。在弹出的"添加连结"对话框中设定图 8-47 所示的内容，单击"确定"按钮，完成连结。此处连结的意思是将拾取的子对象作为释放的子对象。

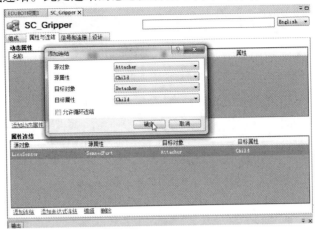

图 8-47　添加 Attacher 连结

注意　当机器人的工具运动到产品的拾取位置，工具上的线传感器 LineSensor 检测到了产品 A，则产品 A 即作为所要拾取的对象，被机器人拾取。将产品 A 拾取之后，机器人运动到指定位置，执行释放动作，则产品 A 作为释放的对象，被机器人释放。

5. 信号和连接设定

1）添加 I/O Signals。

① 选择"SC_Gripper"窗口，选择"信号和连接"选项卡，选择"添加 I/O Signals"选项。

② 在弹出的"添加 I/O Signals"对话框中设定图 8-48 所示的内容，并单击"确定"按钮。

③ 选择"添加 I/O Signals"选项，在弹出的"添加 I/O Signals"对话框中设定图 8-49 所示的内容。单击"确定"按钮，完成 I/O Signals 添加。

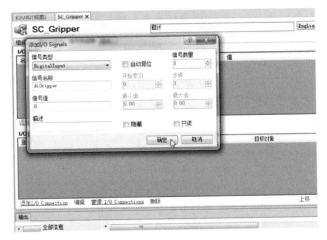

图 8-48　添加第 1 个 I/O Signals

2）添加 I/O Connection。

① 选择"添加 I/O Connection"选项。

② 在弹出的"添加 I/O Connection"对话框中设定图 8-50 所示的内容，并单击"确定"按钮。

③ 选择"添加 I/O Connection"选项，在弹出的"添加 I/O Connection"对话框中设定图 8-51 所示的内容，并单击"确定"按钮。

④ 选择"添加 I/O Connection"选项，在弹出的"添加 I/O Connection"对话框中设定图 8-52 所示的内容，并单击"确定"按钮。

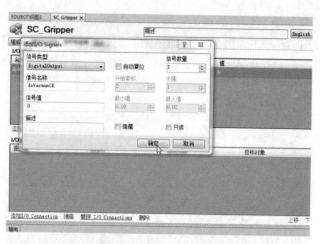

图 8-49　添加第 2 个 I/O Signals

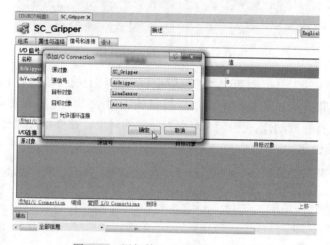

图 8-50　添加第 1 个 I/O Connection

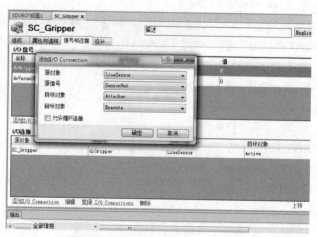

图 8-51　添加第 2 个 I/O Connection

⑤ 选择"添加 I/O Connection"选项，在弹出的"添加 I/O Connection"对话框中设定图 8-53 所示的内容，并单击"确定"按钮。

图 8-52 添加第 3 个 I/O Connection

图 8-53 添加第 4 个 I/O Connection

⑥ 选择"添加 I/O Connection"选项,在弹出的"添加 I/O Connection"对话框中设定图 8-54 所示的内容,并单击"确定"按钮。

图 8-54 添加第 5 个 I/O Connection

⑦ 选择"添加 I/O Connection"选项，在弹出的"添加 I/O Connection"对话框中设定图 8-55 所示的内容，并单击"确定"按钮。

图 8-55 添加第 6 个 I/O Connection

⑧ 选择"添加 I/O Connection"选项，在弹出的"添加 I/O Connection"对话框中设定图 8-56 所示的内容。单击"确定"按钮，完成整个 I/O Connection 的添加。

在本任务中一共创建了 7 个连接，下面来梳理一下整个事件的触发过程。

a. 当拾取信号 diGripper 置 1后，线传感器开始检测。

b. 如果检测到产品与线传感器发生接触，则触发拾取动作，夹具将产品拾取。

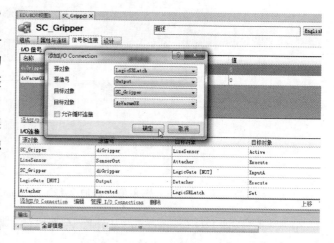

图 8-56 添加第 7 个 I/O Connection

c. 当拾取信号 diGripper 置 0 后，通过非门的中间连接，最终触发释放动作，夹具将产品释放。

d. 执行拾取动作时，真空反馈信号 doVacuumOK 设置为 1。

e. 执行释放动作时，真空反馈信号 doVacuumOK 设置为 0。

6. 动态模拟运行

创建完动态工具后需要进行动态模拟，以验证相关设置的正确性。

1）导入搬运工件。选择"基本"选项卡，选择"导入模型库"→"浏览库文件"选项，在弹出的浏览窗口中选中"搬运工件"。

2）设定位置。选择"布局"窗口，右击"搬运工具"，在弹出的右键菜单中选择"位置"→"设定位置"选项。

3）设定位置坐标。将快捷工具栏中"选择方式"改为"选择部件"，"捕捉模式"改为"捕捉中心"。选择"设定位置"窗口，单击位置坐标输入框，再单击输送带上的合适位置，最后单击"应用"按钮，完成位置坐标设定，如图8-57所示。

4）手动线性运动。选择"布局"窗口，右击"IRB120_3_58 __01"，在弹出的右键菜单中选择"机械装置手动线性"选项。选择"手动线性运动"窗口，调整位置坐标值，使机器人工具末端到达搬运工件表面正上方，如图8-58所示。

5）创建I/O仿真。选择"仿真"选项卡，选择"I/O仿真"选项。

6）I/O仿真属性设定。选择"SC_Gripper 个信号"窗口，将系统设定为"SC_Gripper"。单击"diGripper"按钮，使"diGripper"处于置"1"状态，如图8-59所示。

7）拾取模拟。选择"手动线性运动"窗口，调整机器人坐标值，搬运工件随机器人一起运动。

8）释放模拟。单击"diGripper"按钮，使"diGripper"处于置

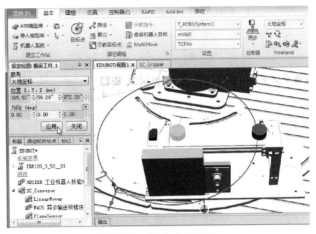

图8-57　设定位置坐标

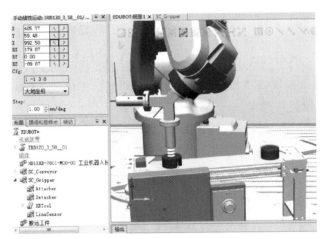

图8-58　手动线性运动

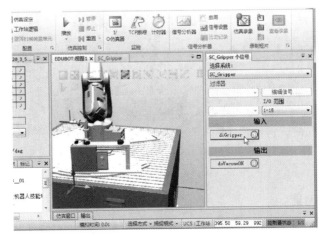

图8-59　I/O仿真属性设定

"0"状态,如图8-60所示。选择"手动线性运动"窗口,调整机器人坐标值,搬运工件静止不动。动态模拟完成。

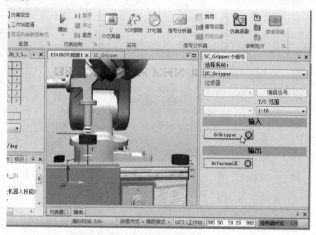

图8-60　释放模拟

9)位置调整。动态模拟完成后需要将搬运工件还原。

① 选择"布局"窗口,右击"搬运工件",在弹出的右键菜单中选择"位置"→"设定位置"选项。

② 通过位置设定将搬运工件放置在输送带上。

③ 通过平移操作,调整搬运工件的 X、Y 坐标,使其刚好和面传感器 PlaneSensor 接触,如图8-61所示。

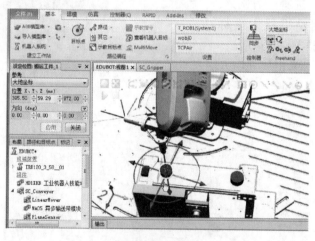

图8-61　位置调整

8.4.5　搬运程序创建

输送带搬运实训仿真任务要求机器人利用吸盘工具将搬运工件从输送带的一端拾取,搬运到指定位置后释放。为了实现搬运过程,本任务中搬运一个工件需要示教6个位置,如图8-62所示。

42. 搬运程序创建、工作站逻辑设定、仿真

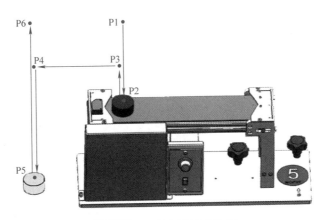

图 8-62　工具末端运动路径

1. 运动路径

1）路径规划。机器人工具末端运动路径为 P1→P2→P3→P4→P5→P6，如图 8-63 所示。

2）创建空路径。选择"基本"选项卡，选择"路径"→"空路径"选项。

3）修改动作指令。将界面底部的动作指令栏设定为"MoveJ ∗ v150 fine TCPAir \ WObj：= wobj0"，如图 8-64 所示。

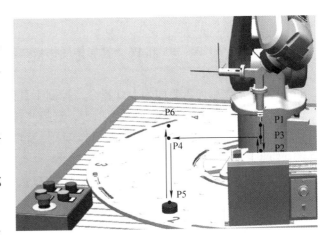

图 8-63　路径规划

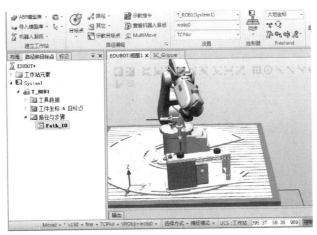

图 8-64　修改动作指令

4）示教 P1。选择"示教指令"选项，创建目标点和动作指令（Target_10），如图 8-65 所示。

5）示教 P2。

1）选择"布局"窗口，右击"IRB120_3_58 __ 01"，在右键菜单中选择"机械装置手动线性"选项。

2）调整位置坐标值，使机器人工具末端到达搬运工件表面 P2。

3）修改动作指令栏的指令为"MoveL * v150 fine TCPAir \ Wobj：= wobj0"。

4）选择"示教指令"选项，创建目标点和运动指令（Target_20）。

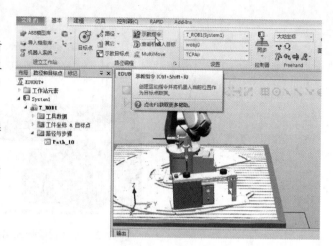

图 8-65　示教 P1

同理，示教 P3、P4、P5 和 P6，且保持动作指令不变。

2．I/O 指令插入

路径创建完成后还需要插入 I/O 指令，控制工具的拾取和释放动作。

1）I/O 配置。选择"控制器"选项卡，选择"配置编辑器"→"I/O System"选项。

2）新建 Signal。选择"System1（工作站）"窗口，右击"Signal"，在右键菜单中选择"新建 Signal"选项，如图 8-66 所示。

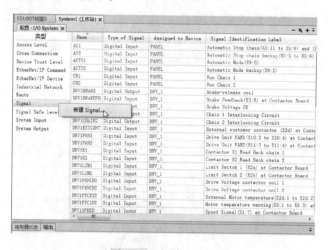

图 8-66　新建 Signal

3）新建输入信号。

① 在弹出的"实例编辑器"对话框中设定图 8-67 所示内容，单击"确定"按钮，新建输入信号 diBoxInPos。

② 右击"Signal"，在右键菜单中选择"新建 Signal"选项。在弹出的"实例编辑器"对话中设定图 8-68 所示内容，单击"确定"按钮，新建输入信号 diVacuumOK。

③ 右击"Signal"，在右键菜单中选择"新建 Signal"选项。在弹出的"实例编辑器"对话中设定图 8-69 所示内容，单击"确定"按钮，新建输出信号 doGripper。

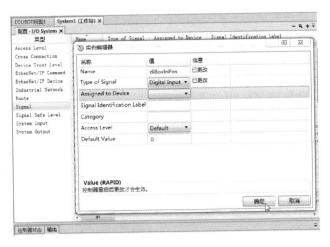

图 8-67　新建输入信号 diBoxInPos

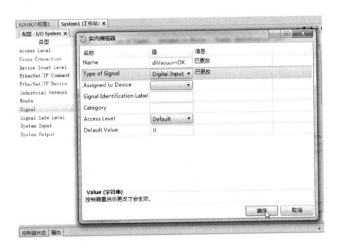

图 8-68　新建输入信号 diVacuumOK

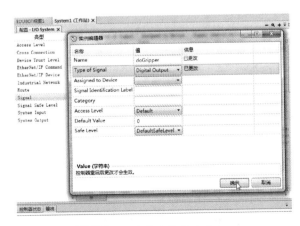

图 8-69　新建输出信号 doGripper

4）重启控制器。3个I/O信号创建完成后，选择"重启"选项，如图8-70所示，重启控制器，使更改生效。

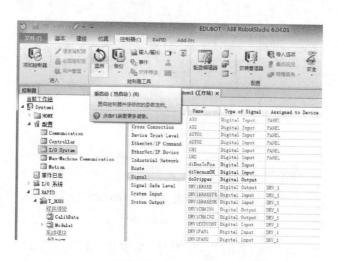

图 8-70　重启控制器

5）插入逻辑指令。选择"路径和目标点"窗口，右击"MoveJ Target_10"，在右键菜单中选择"插入逻辑指令"选项，如图8-71所示。

6）设定逻辑指令。选择"创建逻辑指令"窗口，将"指令模板"设定为"WaitDI Default"。将"Signal"设定为"diBoxInPos"、"Value"设定为"1"，如图8-72所示。单击"创建"按钮，生成指令"WaitDI diBoxInPos 1"。

同理，插入其他逻辑指令。

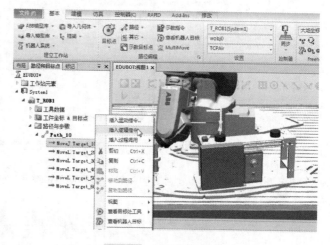

图 8-71　插入逻辑指令

① 右击"MoveL Target_20"，在右键菜单中选择"插入逻辑指令"选项。将"指令模板"设定为"SetDO Default"、"Signal"设定为"doGripper"、"Value"设定为"1"。单击"创建"按钮，生成指令"SetDO doGripper 1"。

② 右击"MoveL Target_50"，在右键菜单中选择"插入逻辑指令"选项。将"指令模板"设定为"SetDO Default"、"Signal"设定为"doGripper"、"Value"设定为"0"。单击"创建"按钮，生成指令"SetDO doGripper 0"。

7）删除搬运工件。右击"搬运工件_1"，在右键菜单中选择"删除"选项，删除第二次导入的辅助搬运工件。

搬运程序如图8-73所示。

创建逻辑指令
任务
T_ROB1 (System1)
路径
Path_10
指令模板
WaitDI Default
指令参数
杂项
Signal diBoxInPos
Value 1
创建
关闭

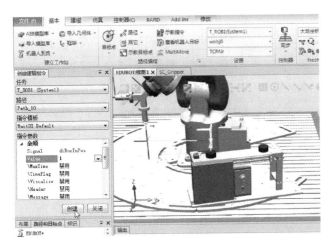

图 8-72　设定逻辑指令

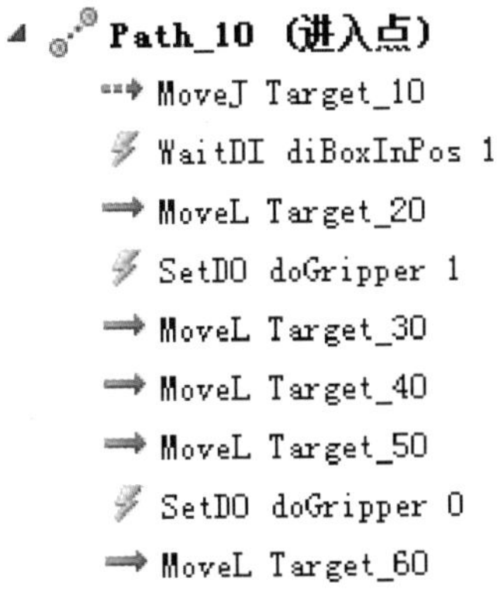

Path_10 (进入点)
MoveJ Target_10
WaitDI diBoxInPos 1
MoveL Target_20
SetDO doGripper 1
MoveL Target_30
MoveL Target_40
MoveL Target_50
SetDO doGripper 0
MoveL Target_60

图 8-73　搬运程序

8.4.6　工作站逻辑设定

在之前的操作中，已经创建了机器人系统、动态输送带和动态搬运工具，现在要将工作站中这 3 个单元的信号关联起来。工作站逻辑设定的操作步骤如下。

1）设定工作站逻辑。选择“仿真”选项卡，选择“工作站逻辑”选项。

2）添加 I/O Connection。选择“工作站逻辑”窗口，选择“信号和连接”选项卡，选择“添加 I/O Connection”选项，如图 8-74 所示。

EDUBOT
组成
属性与连结
信号和连接
设计
I/O 信号
名称
信号类型
值
I/O连接
源对象
源信号
目标对象
上移
下移
输出
仿真窗口

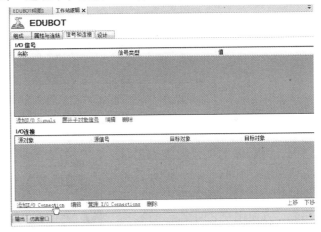

图 8-74　添加 I/O Connection

在弹出的“添加 I/O Connection”对话框中设定图 8-75 所示的内容，将机器人端的真空吸盘控制信号与 Smart 工具的动作信号相关联，并单击“确定”按钮。

同理，添加其他 I/O Connection。

a）选择“添加 I/O Connection”选项，在弹出的“添加 I/O Connection”对话框中设定图 8-76 所示的内容，将 Smart 输送带的工件到位信号与机器人端的工件到位信号相关联，并单击“确定”按钮。

b. 选择“添加 I/O Connection”选项，在弹出的“添加 I/O Connection”对话框中设定图 8-77 所示的内容，将 Smart 工具的真空反馈信号与机器人端的真空反馈信号相关联。单击“确定”按钮，工作站逻辑设定完成。

8.4.7　仿真

完成路径创建后，即可进行仿真调试。通过仿真演示，用户可以直观地看到机器人的运

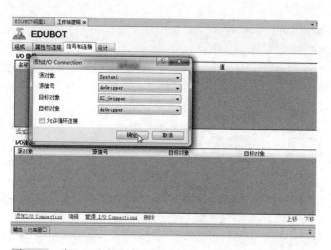

图 8-75　真空吸盘控制信号与 Smart 工具的动作信号相关联

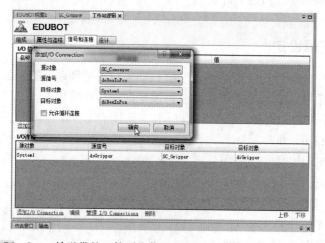

图 8-76　Smart 输送带的工件到位信号与机器人端的工件到位信号相关联

动情况，为后续的项目实施或者优化提供依据。RobotStudio 仿真软件还提供仿真录像、录制视图和打包等功能，方便用户之间交流讨论。

1. 工作站仿真演示

1）同步。选择"基本"选项卡，选择"同步"→"同步到 RAPID"选项，将工作站和虚拟控制器数据同步。

2）选择同步内容。在弹出的"同步到 RAPID"对话框中，勾选全部内容，如图 8-78 所示，并单击"确定"按钮。

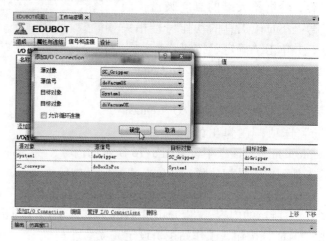

图 8-77　Smart 工具的真空反馈
信号与机器人端的真空反馈信号相关联

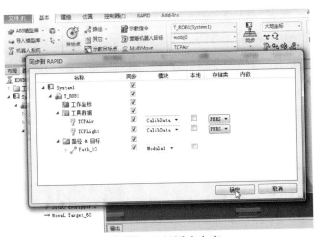

图 8-78　选择同步内容

3）仿真设定。选择"仿真"选项卡，选择"仿真设定"选项。

4）循环设定。在"仿真设定"窗口中选择"System1"选项，设定仿真运行模式为"连续"，如图 8-79 所示。

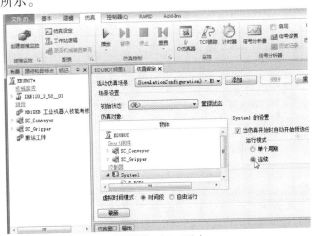

图 8-79　循环设定

5）设定进入点。选择"T_ROB1"选项，设定进入点为"Path_10"，如图 8-80 所示。

6）创建 I/O 仿真。选择"仿真"选项卡，选择"I/O 仿真"选项。

7）I/O 仿真系统设定。选择"SC_Conveyor 个信号"窗口，将系统设定为"SC_Conveyor"，如图 8-81 所示。

8）仿真开始。选择"仿真"选项卡，单击"播放"按钮。选择

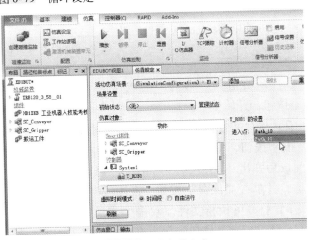

图 8-80　设定进入点

"SC_Conveyor 个信号"窗口，单击"diStart"按钮，开始仿真，如图 8-82 所示。

图 8-81　I/O 仿真系统设定

图 8-82　仿真开始

2. 屏幕录像机

1）设置录像机参数。选择"文件"选项卡，选择"选项"选项。在弹出的"选项"对话框中选择"屏幕录像机"选项，设置相关参数，如图 8-83 所示，并单击"确定"按钮。

2）录制仿真视频。单击"播放"→"diStart"按钮，开始仿真。单击"仿真录像"按钮，开始录制仿真视频，如图 8-84 所示。

图 8-83　设置录像机参数

图 8-84　录制仿真视频

3. 录制视图

1）开始仿真。单击"播放"→"录制视图"按钮，开始仿真。

2）保存文件。仿真运行一段时间后，单击"停止"按钮，完成仿真，如图 8-85 所示。仿真完成后弹出"另存为"对话框，修改路径和名称，并单击"保存"按钮，视图录制完成。

3）打开可执行文件。双击生成的可执行文件，单击"play"按钮，仿真开始，如图 8-86 所示。在播放仿真的过程中，可通过缩放、平移、

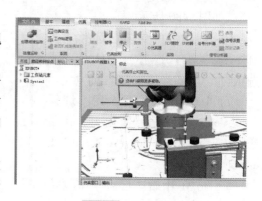

图 8-85　完成仿真

旋转等操作改变视角，操作方法与 RobotStudio 一致。

4. 打包

1）打包工作站。选择"文件"选项卡，选择"共享"→"打包"选项，准备打包工作站，如 8-87 所示。

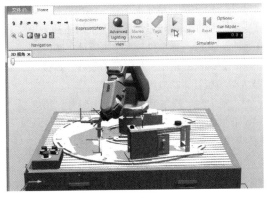

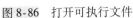

图 8-86　打开可执行文件

图 8-87　打包工作站

2）选择文件。选择要打包的文件，单击"确定"按钮，开始打包工作站。

思　考　题

1. 概述在线示教与离线编程的特点。

2. RobotStudio 如何恢复默认界面？

3. 完成输送带搬运实训仿真需要哪几部分操作？概述具体操作步骤。

参 考 文 献

［1］ 张明文. 工业机器人技术人才培养方案［M］. 哈尔滨：哈尔滨工业大学出版社，2017.

［2］ 张明文. 工业机器人技术基础及应用［M］. 哈尔滨：哈尔滨工业大学出版社，2017.

［3］ 张明文. 工业机器人入门实用教程（FANUC 机器人）［M］. 哈尔滨：哈尔滨工业大学出版社，2017.

［4］ 张明文. 工业机器人入门实用教程（SCARA 机器人）［M］. 哈尔滨：哈尔滨工业大学出版社，2017.

［5］ 张明文. 工业机器人入门实用教程（ESTUN 机器人）［M］. 武汉：华中科技大学出版社，2017.

［6］ 张明文. 工业机器人入门实用教程（EFORT 机器人）［M］. 武汉：华中科技大学出版社，2017.

［7］ 张明文. 工业机器人离线编程［M］. 武汉：华中科技大学出版社，2017.

［8］ 张明文. 工业机器人知识要点解析（ABB 机器人）［M］. 哈尔滨：哈尔滨工业大学出版社，2017.

［9］ 张明文. 工业机器人编程及操作（ABB 机器人）［M］. 哈尔滨：哈尔滨工业大学出版社，2017.

［10］ 张明文. 工业机器人专业英语［M］. 武汉：华中科技大学出版社，2017.

［11］ 张明文. ABB 六轴机器人入门实用教程［M］. 哈尔滨：哈尔滨工业大学出版社，2017.

［12］ 李瑞峰. 工业机器人设计与应用［M］. 哈尔滨：哈尔滨工业大学出版社，2017.

［13］ 董春利. 机器人应用技术［M］. 北京：机械工业出版社，2015.

［14］ NIRUSB. 机器人学导论［M］. 孙富春，朱纪洪，刘国栋，译. 北京：电子工业出版社，2004.

［15］ 蔡自兴，谢斌. 机器人学［M］. 3 版. 北京：清华大学出版社，2015.

［16］ Saha Subir Kumar. 机器人学导论［M］. 付宜利，张松源，译. 哈尔滨：哈尔滨工业大学出版社，2017.

［17］ 杨晓钧，李兵. 工业机器人技术［M］. 哈尔滨：哈尔滨工业大学出版社，2015.

［18］ 兰虎. 工业机器人技术及应用［M］. 北京：机械工业出版社，2014.

［19］ 乔新义，陈冬雪，张书健，等. 喷涂机器人及其在工业中的应用［J］. 现代涂料与涂装，2016，19（8）：53 − 55.

［20］ 谷宝峰. 机器人在打磨中的应用［J］. 机器人技术与应用，2008，（3）：27 − 29.

［21］ 刘伟，周广涛，王玉松. 焊接机器人基本操作及应用［M］. 北京：电子工业出版社，2012.